# Die Oberfräse

## und weitere
## Werkzeuge zur Holzbearbeitung

Hans-Werner Bastian

# Die Oberfräse

## und weitere Werkzeuge zur Holzbearbeitung

Weltbild

Doppelband

# Inhalt

## Werkzeuge zur Holzbearbeitung

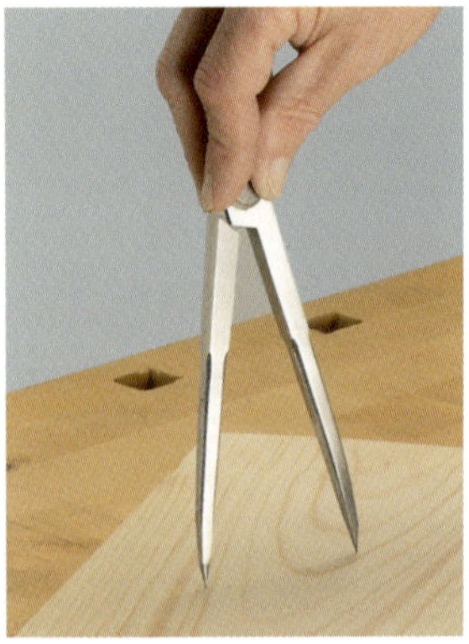

# Die Oberfräse

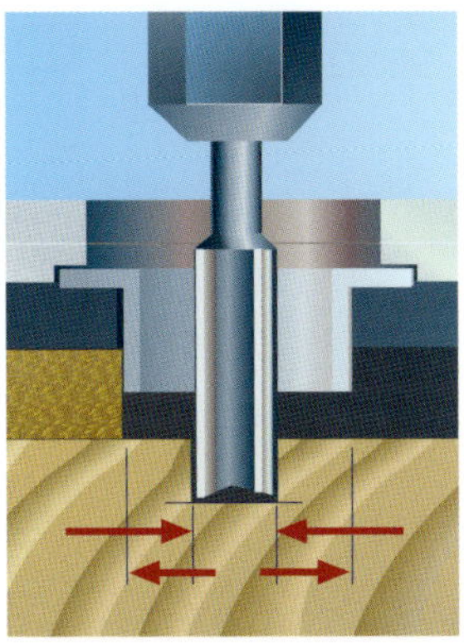

# Werkzeuge zur Holzbearbeitung

## Die Oberfräse

# Tipps für die Werkstatteinrichtung

## Die Hobelbank steht im Mittelpunkt der Werkstatt

Ob im Keller, in der Garage oder einem Schuppen untergebracht, die Heimwerkstatt sollte auf jeden Fall so groß wie möglich angelegt werden. Je mehr Platz man hat, desto komfortabler und nicht zuletzt sicherer lässt es sich arbeiten. Am besten ist ein Raum mit Tageslicht. Kellerräume sollten großzügig mit Leuchtstoffröhren ausgestattet werden. Auch eine Heizquelle ist unerlässlich, denn viele Lacke und Klebstoffe kann man bei Temperaturen unter 16 °C nur schlecht oder gar nicht verarbeiten.

Das Herzstück einer Werkstatt für die Holzbearbeitung ist eine Hobelbank. Sie lässt sich sehr vielfältig einsetzen. Die klassische Hobelbank hat zwei Spannvorrichtungen: die vorn links angeordnete Vorderzange und die Hinterzange an der rechten Seite. Mit der Vorderzange werden vor allem kleinere Werkstücke fixiert. Längere Teile spannt man zwischen sogenannten Bankhaken, die man in Aussparungen der Tischplatte und der Hinterzange steckt.

Eine gute Hobelbank besitzt ein stabiles Untergestell und eine schwere Platte aus gedämpfter Buche. Die Spindeln zum Anziehen der Zangen müssen regelmäßig geölt werden. Kleine Teile werden immer mittig in die Zangen gesetzt, damit diese beim Anziehen nicht verkanten.

**Für Holzarbeiten mit professionellem Anspruch ist eine Hobelbank mit ihren Spannvorrichtungen unverzichtbar.**

fischer
UHU
coll
Parkettleim
Colle à parquet
Parketlijm

Die ideale Ergänzung zur Hobelbank ist eine Werkbank mit glatter Tischplatte, auf der sich beispielsweise ein Schraubstock fest montieren lässt.

Auf der Werkbank kann man bei Bedarf auch einen Bohrständer oder Fräsständer befestigen.

Praktisch zum Auflegen langer Teile: Zwei solche Holzböcke sollten in keiner Werkstatt fehlen.

Universalwerkbänke lassen sich vielseitig einsetzen und nach Gebrauch platzsparend zusammenklappen.

Helfen Ordnung zu halten: Metall-Werkzeugschränke, die man ganz individuell aufteilen kann.

## Eine stabile Werkbank ist universell einsetzbar

Als Ergänzung zur Hobelbank sollte eine solide Werkbank mit schichtverleimter Hartholzplatte und Metalluntergestell nicht fehlen. Sie kann für alle Arbeiten eingesetzt werden, bei denen man eine glatte Unterlage benötigt. Im Idealfall ist noch Platz für eine weitere Werkbank, auf der Schraubstock, Bohrständer und Schleifbock fest angeschraubt werden. Ansonsten versieht man die Arbeitsplatte der Werkbank mit Bohrungen für deren Befestigung und schraubt sie nur bei Bedarf an. Maschinenschrauben mit Flügelmuttern erleichtern das schnelle Lösen der Befestigungen.

## Universalwerkbänke

Wenn der Platz für eine große Hobelbank oder einen festen Werktisch fehlt, kann man sich zur Not auch mit einer zusammenklappbaren Universalwerkbank behelfen. Solche Tische besitzen meist eine mehrteilige Platte, die gleichzeitig als überdimensionale Spannvorrichtung dienen kann. Einige Fabrikate lassen sich sogar als Maschinentische für die Stationärmontage handgeführter Elektrowerkzeuge nutzen. Handkreissäge, Stichsäge oder Oberfräse können dann unter der Platte befestigt werden.

## Die Werkzeugausstattung

Man unterscheidet zwischen den Handwerkzeugen wie Fuchsschwanz oder Stemmeisen, den Elektrowerkzeugen wie Bohrmaschine und Oberfräse und den Stationärgeräten wie Tischkreissäge oder Tischfräse. Für die wichtigsten Heimwerkerarbeiten reicht eine Grundausstattung mit einfachen Handwerkzeugen und einer Bohrmaschine als Ergänzung. Der engagierte Heimwerker braucht allerdings eine nahezu professionelle Ausrüstung. Dazu mehr auf den folgenden Seiten.

Die Grundausstattung für die Heimwerkstatt: 1. Metallbügelsäge; 2. Fuchsschwanz; 3. Spachtel; 4. Raspel; 5. Halbrundfeile; 6. Schlitzschraubendreher breit; 7. Schlitzschraubendreher schmal; 8. Kreuzschlitzschraubendreher; 9. Elektrikerschraubendreher; 10. Phasenprüfer; 11. Schlosserhammer; 12. Meißel; 13. Gliedermaßstab (Zollstock); 14. Cuttermesser; 15. Rollbandmaß; 16. verstellbarer Maulschlüssel; 17. Kneifzange; 18. Seitenschneider; 19. Wasserpumpenzange; 20. Bohrmaschine; 21. Metallbohrer; 22. Holzbohrer

# Werkzeuge zum Messen und Anreißen

## Messen mit Zollstock, Winkel und Rollbandmaß

Damit Holzarbeiten sauber und präzise gelingen, müssen Sägeschnitte genau abgemessen und im gewünschten Verlauf angerissen werden.
Das wichtigste Werkzeug zum Messen ist der Gliedermaßstab, gemeinhin Zollstock genannt.
Er besteht meist aus Hartholz mit Messinggelenken und ist genau 2 m lang. Zollstöcke aus Kunststoff werden allerdings immer beliebter. Sie sind widerstandsfähiger und vor allem unempfindlich gegen Feuchtigkeit.
Für kurze Messstrecken wird sehr häufig auch der Schreinerwinkel eingesetzt, dessen langer Schenkel aus Metall meist mit einer Zentimetereinteilung versehen ist. Gerade wenn gleichzeitig Winkel angerissen werden müssen, ist dieses Messwerkzeug ideal.
Sehr praktisch ist als Ergänzung ein Rollbandmaß. Für Messungen an den Kanten von Brettern, Leisten etc. wird der Haken am Anfang des Rollbandmaßes um die Werkstückkante gelegt und das Band dann stramm gezogen. Viele Rollbandmaße besitzen eine zweifache Längenmarkierung. Die Hauptskala beginnt genau am Rollenanfang, die zweite ist um das Gehäuseaußenmaß versetzt. Damit lassen sich sehr gut Innen-

**Mit dem Gliedermaßstab oder Zollstock lassen sich Außenmaße abnehmen oder anreißen.**

**Das Rollbandmaß wird automatisch arretiert, wenn man den Druckknopf nach dem Herausziehen loslässt.**

**Bei Außenmessungen kann man den Haken des Rollbandmaßes über die Werkstückkante legen.**

**Die meisten Schreinerwinkel verfügen an ihrem langen Schenkel über eine Zentimetereinteilung.**

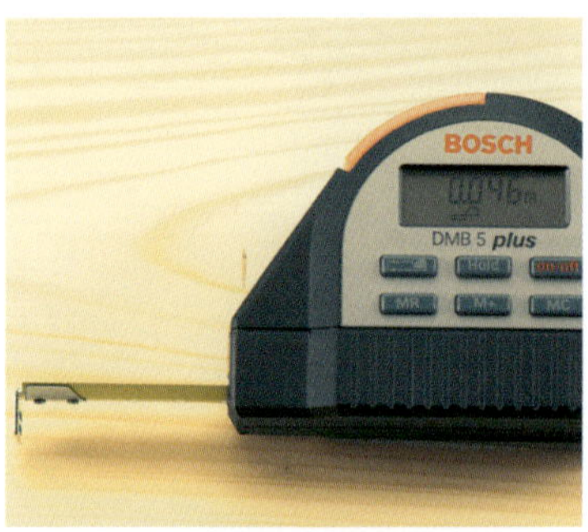


**Moderne Rollbandmaße haben eine Umstellung von Außenmaß auf Innenmaß (plus Gehäuselänge).**

**Anders als der starre Zollstock kann das Rollbandmaß auch für Innenmessungen eingesetzt werden.**

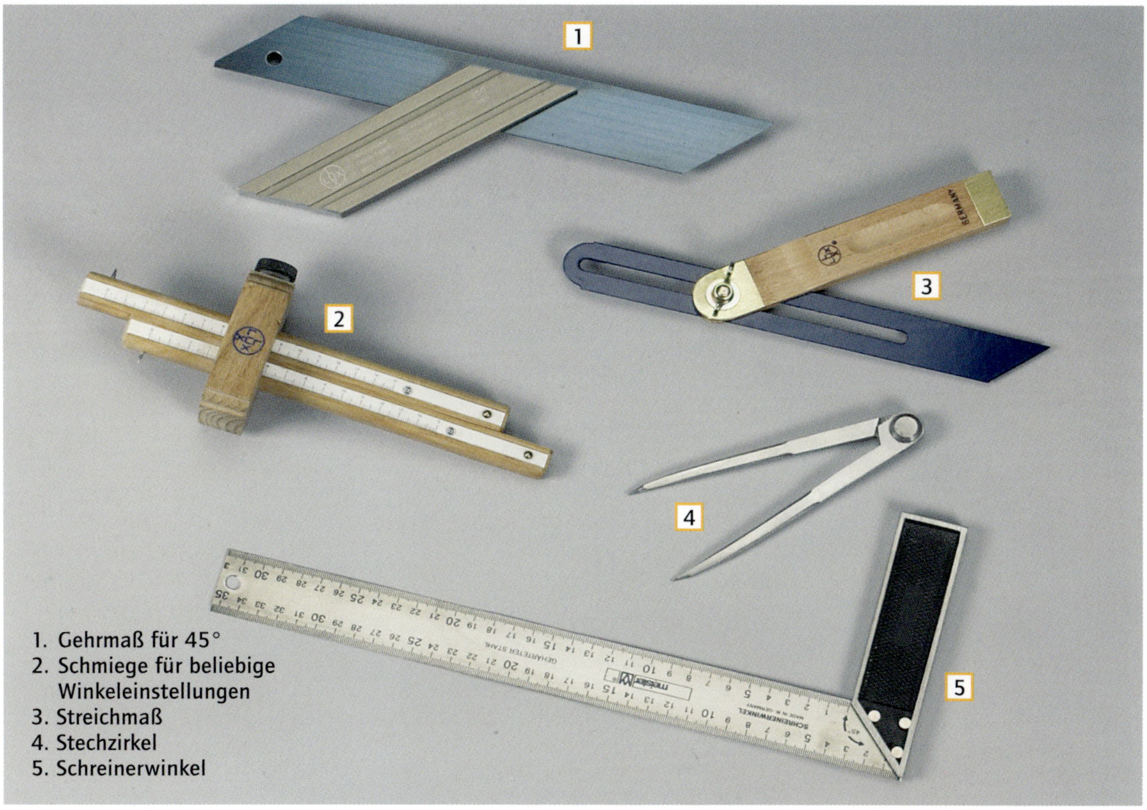


1. Gehrmaß für 45°
2. Schmiege für beliebige Winkeleinstellungen
3. Streichmaß
4. Stechzirkel
5. Schreinerwinkel

messungen beispielsweise in Schränken, Kästen usw. vornehmen. Man lässt das Band mit seiner Hakenseite an eine Innenkante stoßen, hält es dort fest und zieht das Gehäuse dann bis gegen die andere Innenkante.
Die zweite Skala zeigt dann das Innenmaß an. Ist keine zweite Skala vorhanden, muss man zum Maß an der Eintrittsstelle des Bandes einfach das Gehäuseaußenmaß addieren.
Steht kein Rollbandmaß zur Verfügung, kann man Innenmaße auch mithilfe zweier Leisten ermitteln, die man nebeneinander legt und dann mit jeweils einem Ende an die Innenseiten anstoßen lässt. Ein Querstrich mit dem Bleistift über die beiden Leisten markiert dann ihre Position zueinander. Nimmt man die Leisten heraus und legt sie wieder so aneinander, dass der Querstrich durchgeht, kann die Entfernung der beiden Spitzen mit dem Zollstock abgenommen werden.

Der Stechzirkel stellt Kreise her, kann aber auch Abstände übertragen.

Anreißen einer Sägelinie im rechten Winkel mit dem Schreinerwinkel

## Verbindungslinien und Winkel anreißen

Im einfachsten Fall muss man zwei Punkte auf einem Werkstück miteinander verbinden. Oft reicht es, eine gerade Leiste anzulegen und einen Strich zu ziehen. Auch ein gutes Lineal, am besten mit Metallkante, leistet in diesem Fall hervorragende Dienste.
Für längere Strecken sollte man über einen Richtscheit aus Stahl oder Aluminium verfügen. Ein solcher Richtscheit kann auch be-

So stellen Sie die Schmiege ein.

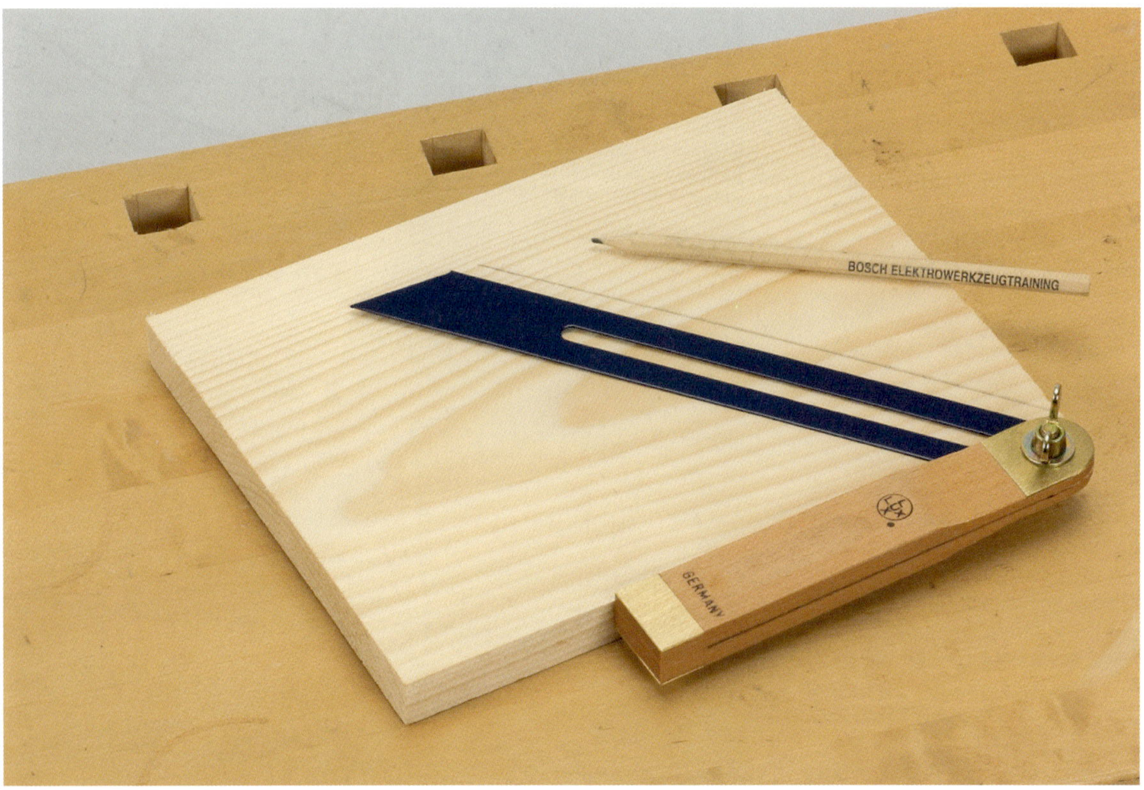


Mit der Schmiege lassen sich beliebige Winkel anreißen.

nutzt werden, um die Ebenheit von Oberflächen zu prüfen.
Wenn es darum geht, eine Linie im rechten Winkel zu einer Werkstückkante anzureißen, kommt der Schreinerwinkel zum Einsatz. Eine gut eingerichtete Werkstatt verfügt über mehrere Schreinerwinkel unterschiedlicher Größen. Für Risse im Winkel von 45° zur Kante wird ein Gehrmaß verwendet. Ebenso lässt sich ein Kombinationswinkel verwenden, der über einen 90°- und einen 45°-Anschlag verfügt.
Beliebige Winkeleinstellungen sind mit einer Schmiege möglich. Dieses Werkzeug lässt sich benutzen, um gegebene Winkel abzunehmen und auf andere Teile zu übertragen.
Man kann die Schmiege aber auch mithilfe eines Winkelmessers auf gewünschte Winkel einstellen.

## Parallelrisse zur Kante mit dem Streichmaß herstellen

Wenn man eine Markierungslinie braucht, die parallel zu einer Werkstückkante verläuft, kann man an ihren Endpunkten den Abstand zur Kante messen und die beiden Punkte mit dem Lineal oder Richtscheit verbinden. Entspricht der Abstand der Breite eines vorhandenen Brettes oder dem einer Leiste, legt man dieses Teil an die Kante an und benutzt es als Lineal.
Für beliebige Abstände wird in der Regel das Streichmaß verwendet. Es besteht aus einem massiven Holzklotz mit einer verstellbaren Zunge aus Hartholz. Die Zunge besitzt am Ende einen spitzen Stahlstift, der im vorher gewählten Abstand zum Klotz die Risslinie herstellt.
Da der Klotz des Streichmaßes an der Werkstückkante entlanggeführt wird, übertragen sich etwaige Unebenheiten der Kante.
Ein Doppelstreichmaß mit zwei Zungen wird benutzt, um Schlitze und Zapfen für Holzverbindungen anzureißen (siehe Abb. rechts).

Das Streichmaß kann sehr präzise Linien parallel zur Kante anreißen.

**Schlitz/Zapfen anreißen**

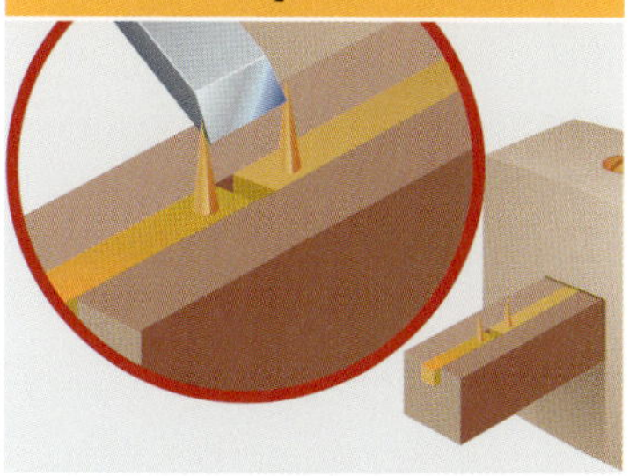

Die beiden Dorne des Doppelstreichmaßes werden genau auf die Breite des Stechbeitels eingestellt.

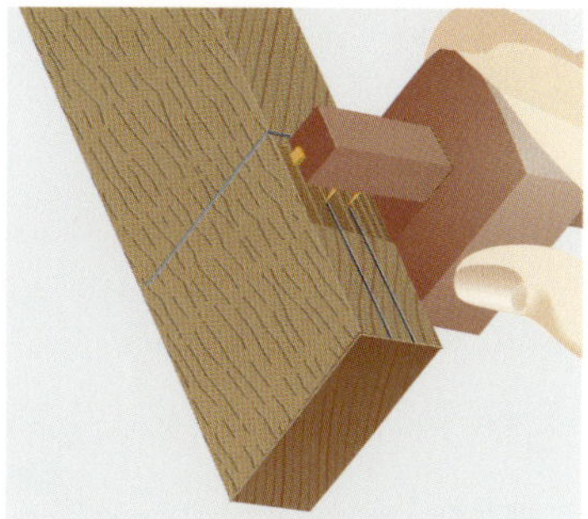

Nun kann die Schlitzbreite an den beiden gegenüberliegenden Kanten des Schlitzteils angerissen werden.

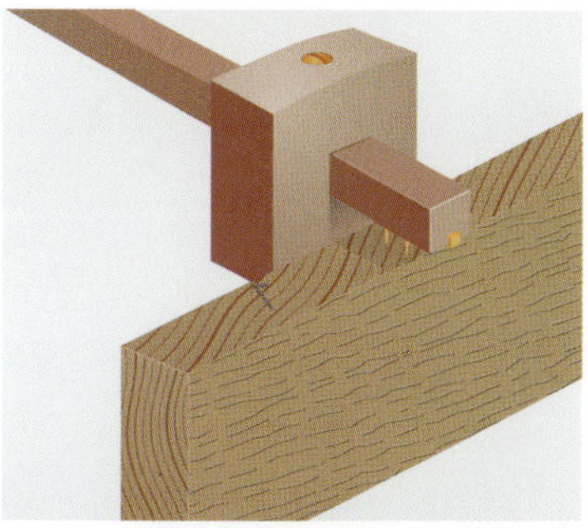

Den richtigen Abstand zum Block findet man durch wechselseitiges Anlegen an beide Kanten heraus.

Zuletzt markiert man die Umrisse des Zapfens. Gegebenenfalls wird der Block vorher neu eingestellt.

# Die wichtigsten Handsägen

## Drei Sägetypen für unterschiedliche Einsätze

Bei den Handsägen unterscheidet man drei Typen: Fuchsschwanz, Rückensäge und Spezialsägen für Kurven und Profile.
Der Fuchsschwanz hat ein flexibles Blatt aus gehärtetem Stahl. Biegt man die Spitze eines hochwertigen Sägeblatts bis zum Griff, sollte es anschließend wieder in eine Gerade zurückspringen.
Bei der Rückensäge liegt ein gebogener Messing- oder Stahlstreifen oben um das Blatt, um es zu stabilisieren.
Bügel- und Gestellsägen sowie Stichsägen mit extra schmalen Sägeblättern machen sehr feine Schnitte und können auch geschweifte Formen aussägen. Eine besondere Form der Bügelsäge ist die Laubsäge, mit der man besonders feine Arbeiten in Sperrholz herstellen kann.

## Die richtige Zahnform für Längs- oder Querschnitte

Die Grundform des Fuchsschwanzes hat sich bereits im 17. Jahrhundert herausgebildet. Neben der klassischen Ausführung mit einem Griff aus Buchenholz werden heute meist Modelle mit Kunststoffgriffen angeboten.
Die Zähne sind beim Fuchsschwanz mehr oder weniger stark nach vorn geneigt. Die Säge

Fuchsschwanz für Längsschnitte (oben) und für Querschnitte (unten)

Ablängen eines Brettes mit dem Fuchsschwanz. Das Werkstück sollte dazu fest eingespannt werden.

schneidet „auf Stoß". Man unterscheidet zwischen Sägen, die speziell für Längs- oder für Querschnitte geeignet sind.
Bei einem Fuchsschwanz für Längsschnitte stehen die nach vorn weisenden Zahnbrüste senkrecht (siehe Zeichnung rechts). Jeder Zahn ist rechtwinklig zur Sägeblattebene gefeilt, und seine scharfe Spitze schneidet wie ein Stecheisen in das Holz. Wie bei fast allen Sägen sind die Zähne „geschränkt", das heißt, sie sind abwechselnd ein wenig nach rechts oder links gebogen. Damit erreicht man, dass der Schnitt etwas breiter wird als die Dicke des Sägeblattes. Dies verhindert, dass sich das Blatt im Sägeschnitt festklemmt.

Bei einem Fuchsschwanz für Querschnitte sind die Zahnbrüste in einem Winkel von etwa 14° nach hinten geneigt und abwechselnd schräg angefeilt. Auf beiden Seiten der Schnittfuge trennen sie die Holzfasern so sehr effektiv, was für den Querschnitt besonders wichtig ist. Natürlich kann man mit einer solchen Säge auch Längsschnitte machen. Dabei ist die Schnittleistung jedoch nicht optimal.
Es gibt auch Sägen mit ähnlicher Zahnung wie bei der Querschnittsäge, nur etwas feiner. Diese sogenannte Absetzsäge wird vor allem zum Trennen dünner Plattenwerkstoffe verwendet. Sie ist aber auch für Querschnitte in Massivholz geeignet.

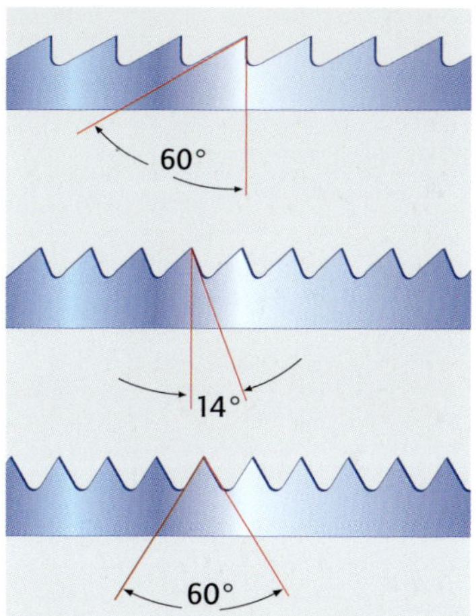


Zahnung auf Stoß für Längsschnitte (oben), schwach auf Stoß (Mitte) für Querschnitte und beidseitig wirkend (unten) für besonders sauber schneidende Feinsägen

Das Schneiden einer Überblattung mithilfe der Feinsäge, einer Rückensäge

Die Metallverstärkung am Rücken des Sägeblatts hat der Rückensäge ihren Namen gegeben.

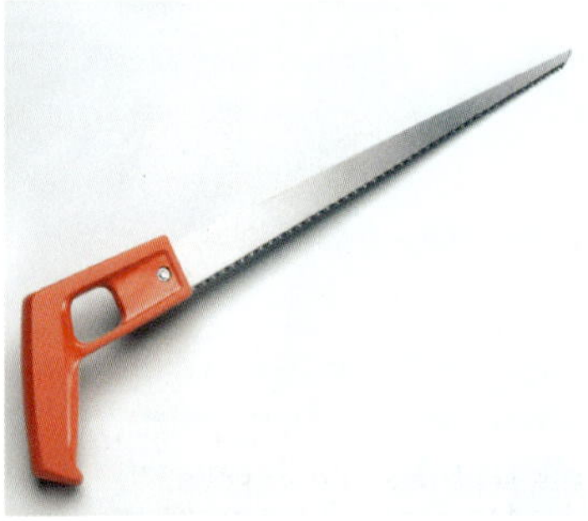

Die schmale Stichsäge kommt zum Einsatz, wenn beispielsweise ein geschweifter Schnitt erforderlich ist.

Der Umgang mit der Spannsäge erfordert ein wenig Übung.

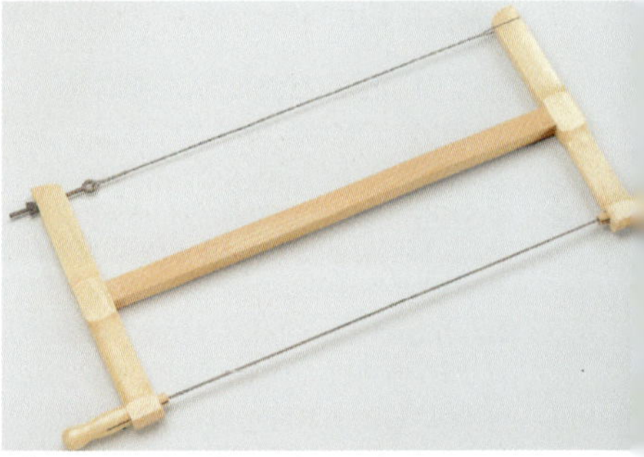

Die Spannsäge kann je nach Einsatz mit verschiedenen Sägeblättern ausgestattet werden.

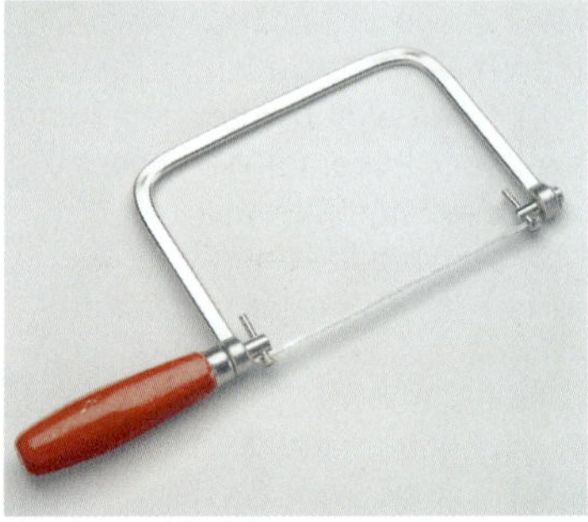

Die Formsäge erlaubt auch geschweifte Schnitte. Ihre Schnitttiefe ist durch den Bügel begrenzt.

## Rückensäge für feine Schnitte

Die Tatsache, dass bei Rückensägen das Blatt nicht so flexibel ist wie bei einem Fuchsschwanz, macht diesen Sägetyp ideal für feine und präzise Schnitte, beispielsweise, wenn Holzverbindungen hergestellt werden sollen. Rückensägen können aber wegen der Verstärkung niemals ganz ins Holz eintauchen.

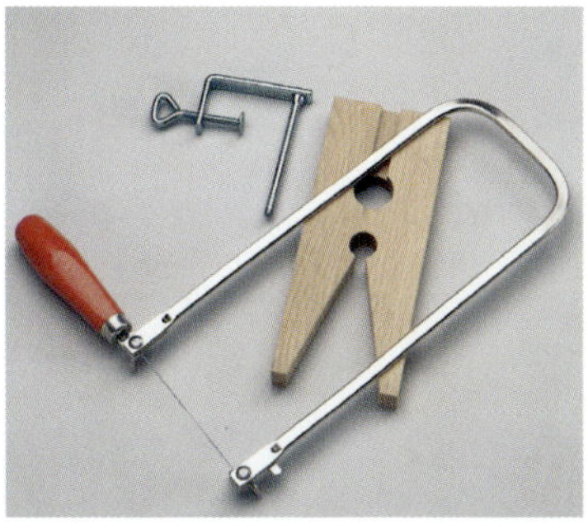

**Die Laubsäge mit ihrem weit ausladenden Bügel eignet sich zum Trennen dünner Bretter und Sperrhölzer.**

**Die Sägelade dient als Führung für Quer- und Gehrungsschnitte.**

## Gestell-, Bügel- und Stichsägen für Spezialaufgaben

Die Gestell- oder Spannsäge ist eine klassische Schreinersäge. Sie kann mit Blättern verschiedener Zahnung und Breite bestückt werden. Versehen mit einem schmalen Sägeblatt, erlaubt sie wie auch die Bügelsäge (Formsäge) die Herstellung von Kurvenschnitten. Das Gestell bzw. der Bügel begrenzt dabei die Schnitttiefe von der Werkstückkante.
Die Stichsäge als rahmenlose Säge mit schmalem Sägeblatt unterliegt in dieser Beziehung keiner Einschränkung. Sie kann überall dort eingesetzt werden, wo Gestell oder Bügel im Wege wären. Weil das Sägeblatt aber eine gewisse Stabilität benötigt, kann es bei der Stichsäge niemals so schmal sein wie bei einer Gestell- oder Bügelsäge.
Da in einer modernen Heimwerkstatt aber eine elektrische Stichsäge zur Standardausstattung gehört, setzt man für Kurvenschnitte meist dieses Werkzeug ein.

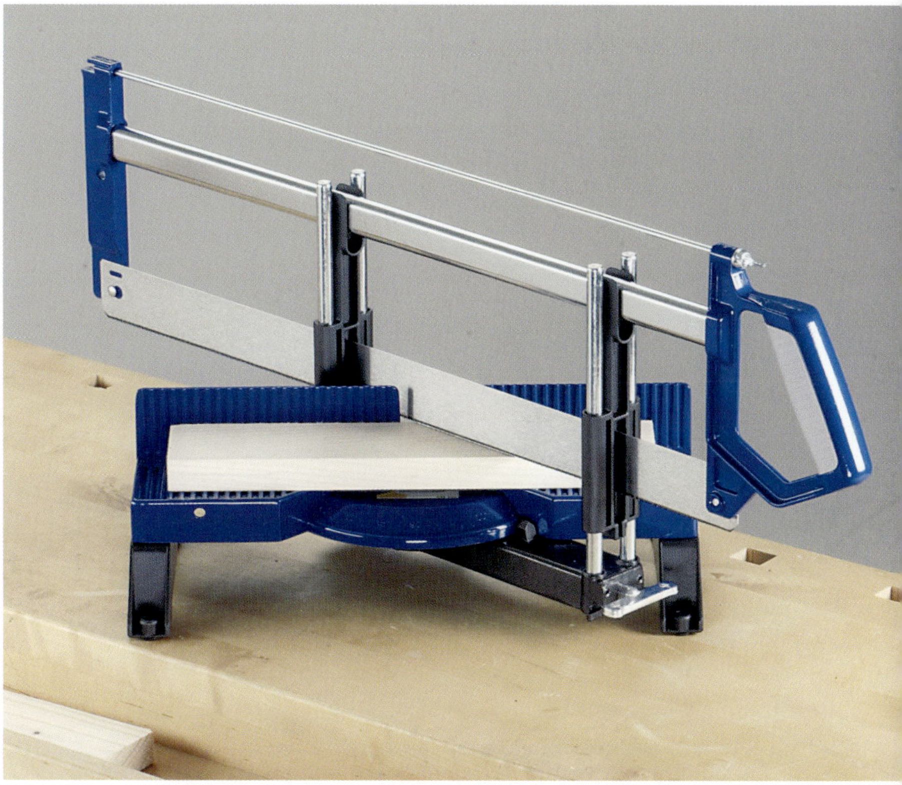

**Die Führungen der Gehrungssäge erlauben besonders präzise Schnitte.**

# Hobel, Raspeln und Feilen

## Hobeln – die hohe Kunst des Schreinerhandwerks

Hobel sind Schneidwerkzeuge, mit denen man Späne in definierter Dicke von der Oberfläche eines Werkstücks abträgt. Sägeraue Bretter und Kanthölzer werden durch Hobeln geglättet.
Im ersten Arbeitsgang trägt man vom rohen Holz mit dem Schropphobel grobe Späne ab. Dann wird die Fläche erst mit einem feineren Schlichthobel und schließlich mit einem noch feineren Putzhobel nachgearbeitet.
Mit der Raubank, einem Hobel mit besonders langer Sohle, gleichen Sie aufgrund der langen Auflagefläche des Werkzeugs Unebenheiten in der Oberfläche eines Werkstücks aus. Dieser Hobel wird beispielsweise eingesetzt, um lange Brettkanten zu glätten, die stumpf miteinander verleimt werden sollen.

Während beim Schropphobel das Messer mit seiner bogenförmigen Schneide durch einen Holzkeil gesichert ist, sind Schlicht- und Putzhobel sowie die Raubank sogenannte Doppelhobel. Sie haben über dem eigentlichen Hobeleisen eine Metallplatte (Klappe), die den angehobenen Span bricht und dadurch verhindert, dass das Holz ausreißt (siehe kleine Zeichnung Seite 22). Das Hobeleisen sollte etwa 1 mm über die Sohle

Schropphobel (rechts) und Schlichthobel (links). Man sieht, dass die Hobel aus Buchenholz bestehen. Für die am meisten beanspruchte Sohle wird ein noch härteres Holz unter den Hobelkörper geleimt

Der Schropphobel leistet stets die grobe Vorarbeit. Sein Eisen besitzt eine bogenförmige Schneide.

Die gerade Schneide des Schlichthobels glättet dann die mit dem Schropphobel vorbearbeitete Fläche.

Dieser altbewährte Putzhobel leistet beim Glätten von Holzoberflächen die Feinarbeit.

Stirnholzkanten niemals von der Mitte nach außen hobeln, das Holz könnte an den Seiten wegbrechen.

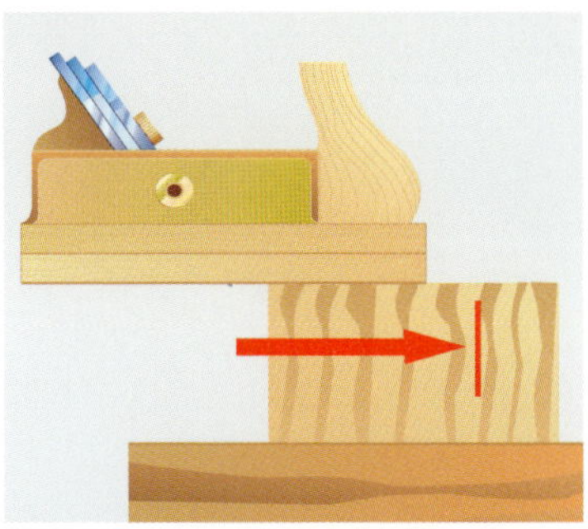

So wird der Hobel an die Stirnholzkante herangeführt: Wechselweise von außen bis zur Mitte hobeln.

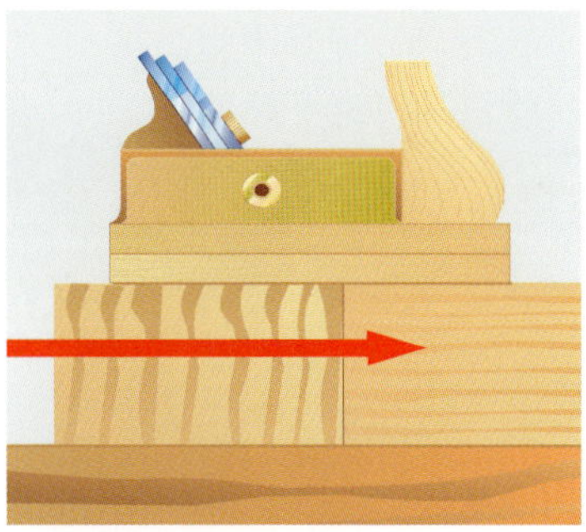

So geht es noch besser: Ein passendes waagerecht liegendes Brett wird fest gegen eine Seite gespannt.

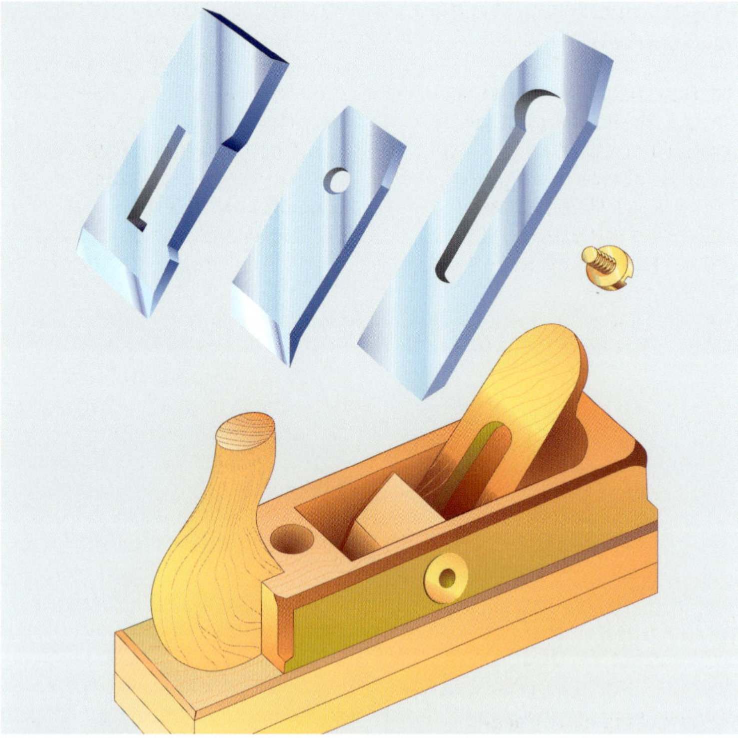

Der Doppelhobel ist mit Keil, Klappe und Hobeleisen (von links nach rechts) ausgestattet. Eine Schraube verbindet Klappe und Hobeleisen.

des Werkzeugs hinausragen.
Die Klappe wiederum muss so eingestellt sein, dass sie 1 mm über der Schneide sitzt.
Um durch Hobeln von Hand ein sägeraues Brett für die Weiterverarbeitung beispielsweise im Möbelbau vorzubereiten, bedarf es viel Erfahrung. In der Praxis bedient man sich heute moderner Holzbearbeitungsmaschinen wie Abricht- und Dickenhobel.
Dennoch sollte der Heimwerker mit dem Hobel umgehen können, um zumindest Brettkanten und

So bricht die Klappe den zuvor abgehobenen Span.

Der Universalhobel aus Metall ist für die meisten Arbeiten geeignet.

kleinere Flächen glätten zu können. Dazu reicht in der Regel ein so genannter Universalhobel. Er besteht aus Metall und lässt sich besonders leicht einstellen.
Bei einem Metallhobel legt man die rechte Hand um den hinteren Griff, wobei der Zeigefinger ausgestreckt angelegt wird. Die linke Hand umgreift den vorderen Knopf, führt das Werkzeug und drückt es beim Hobeln ein wenig nach unten.
Um eine Fläche plan zu hobeln, beginnt man an der höchsten Stelle. Zuerst wird der Hobel diagonal sowohl mit der Maserung als auch dagegen über das Holz geführt. Dabei sollen sich die Bahnen überlappen. Anschließend hobelt man parallel zur Maserung. Zwischendurch die Ebenheit immer wieder mithilfe eines Stahllineals überprüfen.
Um eine Kante zu hobeln, beginnt man in der Mitte und arbeitet sich nach außen. Zuletzt mit der Raubank nacharbeiten.

## Raspeln und Feilen für die Holzbearbeitung

Um Holzkanten zu formen, benötigen Sie Raspeln mit verschiedenen Querschnitten. Für die meisten Arbeiten genügt eine 25 cm lange Halbrundraspel. Löcher und feine Kurven bearbeiten Sie dagegen besser mit einer Rundraspel.
Eine besonders hohe Abtragsleistung erzielen Sie mit Surform-

**Die Vertiefung einer Überblattung wird eingesägt, dann ausgestemmt und mit der Raspel geglättet.**

Werkzeugen, deren auswechselbare Blätter die Vorteile einer Feile mit denen eines Hobels vereinen. Zwischen den schräg angeordneten Schneiden der Surform-Werkzeuge befinden sich Schlitze, durch die die anfallenden Späne abgeführt werden.
Für feinere Arbeiten an Holzkanten setzen Sie statt der Raspel eine eigentlich zum Glätten von Metall vorgesehene Feile ein. Eine halbrunde Allzweckfeile von 25 cm Länge mit mittelfeinem Hieb dürfte in den meisten Fällen das richtige Werkzeug sein.
Ergänzend wird bei der Holzbearbeitung Schleifpapier verschiedener Körnung verwendet. In Verbindung mit einem Schleifklotz aus Holz oder Kork kann man mit Schleifpapier beispielsweise Kanten brechen und runden.
Für die Verwendung in Schwing- und Exzenterschleifern gibt es Schleifpapier in genau zum Gerätetyp passenden Größen, das fest eingespannt wird (siehe S. 52).

**Raspeln (von oben nach unten): Surform-Werkzeug mit Hobelgriff und mit Feilengriff, Halbrundraspel, Rundraspel**

# Stemmeisen, Stecheisen und Beitel

## Stemmeisen, Stecheisen, Beitel: Was ist was?

Häufig werden nebeneinander die Begriffe Stemmeisen, Stecheisen und Beitel für ein und dieselben Werkzeuge gebraucht. Tatsächlich sind aber nur Eisen und Beitel konkurrierende Bezeichnungen. Zwischen einem Stemmeisen und einem Stecheisen gibt es aber einen wichtigen Unterschied: Das Stemmeisen weist einen rechteckigen Querschnitt auf (gerade Kanten), während das Profil des Stecheisens seitlich abgeschrägt ist (gefaste Kanten).
Stemmeisen sind grundsätzlich für gröbere Arbeiten vorgesehen. Sie halten auch stärkeren Beanspruchungen stand und können mit dem Holzhammer selbst in härtestes Holz getrieben werden.
Das leichtere Stecheisen mit seinen gefasten Flanken wird hauptsächlich mit der bloßen Hand geführt. Man kommt damit auch in enge Ecken und Winkel. Damit ist das Werkzeug für Feinarbeiten prädestiniert. Zudem bewirken seine abgeschrägten Flanken, dass es sich nur selten im Holz festklemmt.
Beide Werkzeugtypen gibt es ab 4 mm Breite in Abmessungen, die um jeweils 2 mm ansteigen. Zur Standardausrüstung der Heimwerkstatt gehören vier Stecheisen von 6, 10, 16 und 20 mm Breite.

Wenn der Schlitz für eine Schlitz-und-Zapfen-Verbindung in Handarbeit ausgehoben werden soll, benutzt man praktischerweise ein Stemmeisen, dessen Klinge exakt die Breite des Schlitzes aufweist.

So wird ein Stemmeisen abgezogen: Die Schneidfase auf den Stein drücken und vor- und zurückziehen.

Hohlbeitel mit Außenfase werden in Achten über den Stein gezogen, um die Schneide zu schärfen.

Ein breites Stecheisen kommt zum Einsatz, wenn man beispielsweise die zuvor eingesägte Vertiefung für eine Überblattung ausheben will.

Neben den Stemm- und Stecheisen mit gerader Unterseite gibt es sogenannte Hohlbeitel oder Hohleisen, deren Klinge gebogen ist. Meist verwendet man Hohleisen mit einer an der Außenseite der Rundung angeschliffenen Fase (siehe Seite 26). Damit können konvexe Hohlformen ausgestemmt werden. Hohleisen mit innen liegender Fase braucht man zum Herstellen konkaver Formen. Diese Werkzeuge werden auch Schnitzbeitel genannt.
Alle Stemm-, Stech- oder Hohleisen bringen nur gute Arbeitsergebnisse, wenn sie 100 % scharf sind. Daher muss man sie ständig nachschleifen. Man braucht dazu

Für die Feinarbeit schiebt man das Eisen unter leichtem Druck nach vorn.

Die Teile eines Stecheisens:
1. Klinge
2. Fase
3. Schneidfase
4. Krone
5. Zwinge
6. Heft

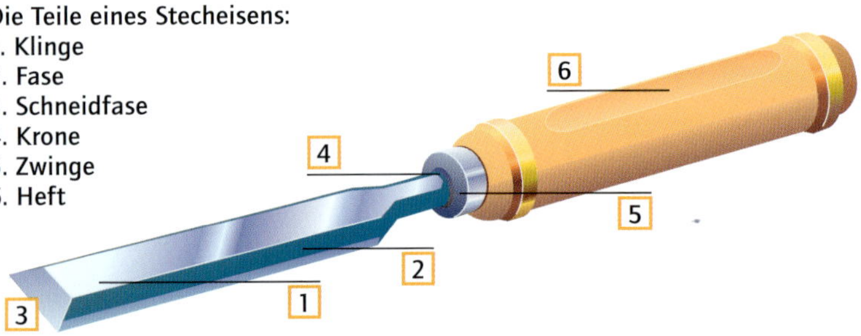


einen rechteckigen Abziehstein von etwa 20 x 5 cm Größe. Man führt Stemm- und Stecheisen mit fest aufliegender Schneidfase unter leichtem Druck auf dem angefeuchteten Stein vor und zurück. Zuletzt die Unterseite (Spiegelfläche) flach über den Stein ziehen, um den Grat zu entfernen. Hohleisen mit Außenfase werden in Achten über den Stein

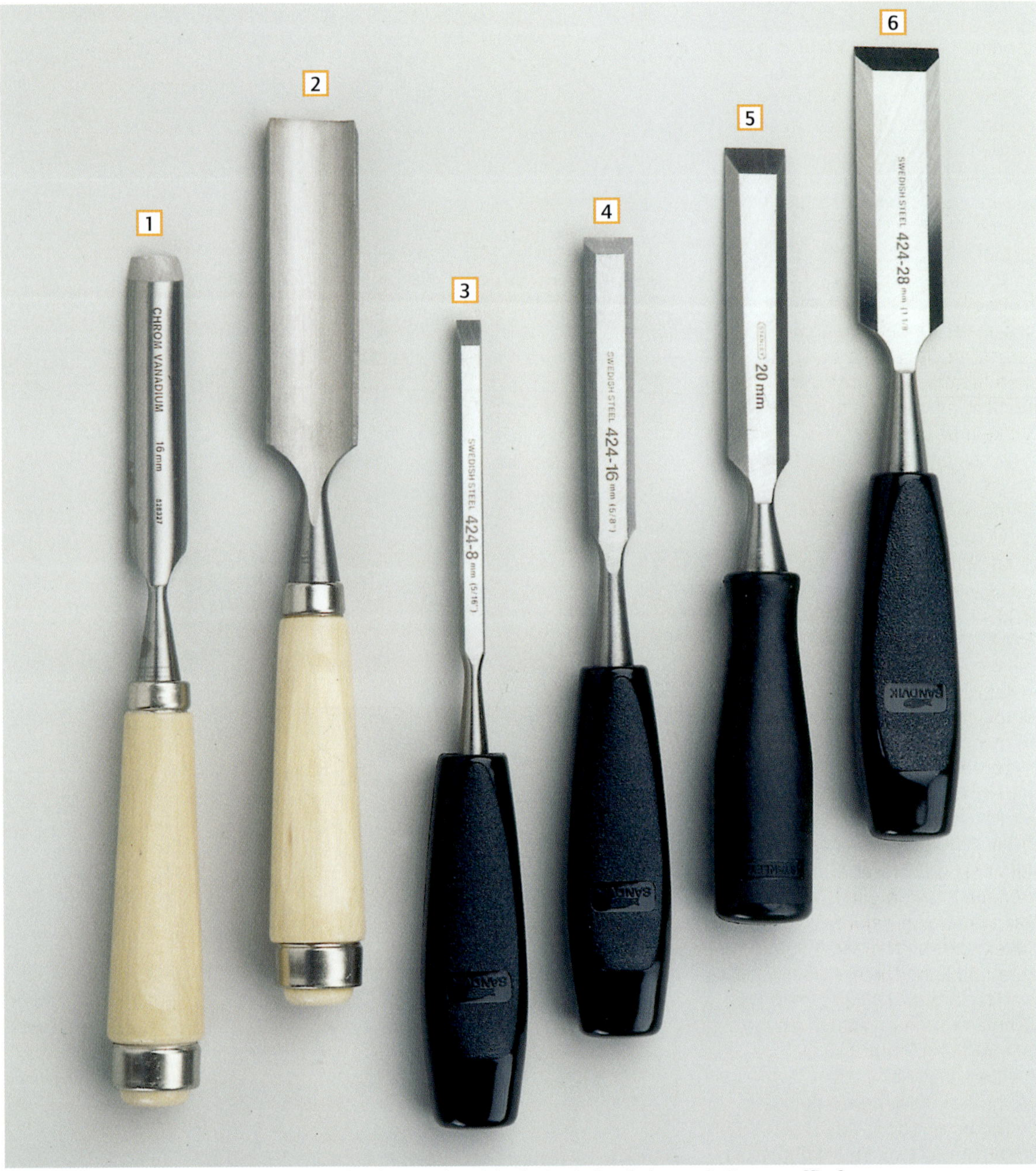


Eisentypen: 1. und 2. Hohlbeitel mit Außenfase und Holzheft; 3.–6. Stecheisen mit Kunststoffheft

gezogen (siehe Seite 24). So kommt die gesamte runde Schneidkante in Berührung mit dem Stein. Zum Entfernen des Grats brauchen Sie bei Hohleisen einen gerundeten Stein. Mit dem runden Stein können Sie auch die innen liegende Fase bei Schnitzbeiteln anschärfen.

## Schnitzwerkzeuge

Für einfachere Schnitzarbeiten, wie sie beim Möbelbau unter Umständen vorkommen können, genügen meist die ohnehin vorhandenen Stemm-, Stecheisen und Hohleisen.
Für anspruchsvollere Arbeiten braucht man aber unbedingt spezielle Schnitzwerkzeuge. Rechts sehen Sie eine Auswahl. Die Schneiden echter Bildhauereisen sind meist an beiden Seiten gefast. Im Gegensatz zu einfachen Stemmeisen kann man damit das Holz in verschiedenen Winkeln bearbeiten.
Man bekommt Schnitzwerkzeuge mit gerader Klinge und verschiedenen Schneidkantenprofilen. Teilweise werden die Eisen statt mit gerader Klinge auch in gebogener Form angeboten. Damit lassen sich Aushöhlungen und Kerben herstellen. Gekröpfte und verkehrt gekröpfte Schnitzwerkzeuge sind in Richtung der Spitze stark gebogen.
Beim Holzschnitzen wird im Gegensatz zu anderen Techniken der Holzbearbeitung meist quer zur Faser geschnitten. Die Werkzeuge müssen sehr scharf sein, damit sie das Material immer schneiden und niemals spalten.
Das Wichtigste beim Schnitzen ist die exakte Kontrolle von Schnitttiefe und Schnittwinkel. Bei leichten Flachschnitten führt man die Klinge zwischen Daumen und Zeigefinger. Die Fingerknöchel liegen auf dem Werkstück auf.
Für gröbere Arbeiten wird das Werkzeug mit dem Bildhauerklüpfel, einem runden Holzhammer, in kontrollierten Schlägen getrieben.

# Hämmer aus Metall und Holz

### Hämmer in verschiedenen Gewichtsklassen

Drei verschiedene Hämmer gehören in jede gut ausgerüstete Heimwerkstatt: ein Hammer von 300 g, ein deutlich kleinerer 100-g-Hammer sowie ein Schwergewicht von 500 g Gewicht. Für grobe Holzarbeiten wird sehr gern der sogenannte Klauenhammer oder Lattenhammer eingesetzt. Zwischen seinen verschieden langen Klauen lassen sich Nagelköpfe fassen, um die Nägel aus dem Holz herauszuziehen.
Schlosser- und Schreinerhämmer unterscheiden sich durch die Ausbildung der keilförmigen Finne. Beide Hammertypen lassen sich für Holzarbeiten verwenden.
Ein guter Hammerstiel besteht aus elastischem Eschenholz. Wichtig ist eine feste Verkeilung. Lose Hammerköpfe sind eine nicht zu unterschätzende Gefahr.

### Nägel einschlagen

Mit einem 300–500 g schweren Hammer lassen sich mittlere Nägel am besten einschlagen. Man hält den Hammer am Stielende und holt nur mit dem Unterarm aus. Der Nagelkopf muss möglichst senkrecht getroffen werden. Zum Ansetzen des Nagels hält man ihn zwischen Daumen und Zeigefinger und treibt ihn mit der schmalen Finne leicht ein.

Damit eine Nagelverbindung hohe Auszugswerte aufweist, schlägt man die Stifte abwechselnd schräg zueinander ein. Die Spitzen werden zuvor leicht angestaucht, damit sie die Holzfasern zerreißen statt sie zu spalten.

So wird die Kneifzange zum Nagelziehen verwandt. Empfindliche Hölzer durch eine Zulage schützen.

Mit dem praktischen Klauenhammer können Sie Nägel unter Einsatz der Hebelwirkung herausziehen.

## Der Klüpfel aus Holz

Stech-, Stemm- und Hohleisen haben in der traditionellen Ausführung Hefte aus Holz. Man treibt sie entsprechend auch mit einem Holzhammer – Klüpfel genannt – ins Werkstück. Für kräftige Schläge wird der Hammer am Stielende gefasst. Für leichte und genau dosierte Schläge greift man den Stiel direkt hinter dem Kopf und benutzt die Seitenfläche statt der normalen Schlagfläche.

Der Kopf des Klüpfels hat Trapezform. Das Loch ist konisch geformt.

# Schrauben und Schraubendreher

## Moderne Kreuzschlitzschrauben haben sich durchgesetzt

Sehr häufig werden Verbindungen zwischen Holzteilen untereinander sowie zwischen Beschlägen und Holzteilen durch Schrauben hergestellt. Die klassische Holzschraube mit ihrem sich nach vorn verjüngenden Schaft und dem typischen Schlitz zur Kraftübertragung wurde dabei fast vollständig durch den moderneren Schraubentyp mit Kreuzschlitzaufnahme abgelöst.
Kreuzschlitzschrauben bieten der Klinge des Schraubendrehers bedeutend mehr Halt als Schlitzschrauben. Aber auch die gesamte Schraubengeometrie wurde verbessert. Der als Spanplattenschraube bekannt gewordene Schraubentyp zeichnet sich gegenüber normalen Holzschrauben aus durch: gehärtetes Material, dünneren Kernquerschnitt, optimierten Winkel an den Gewindeflanken und eine Gleitschicht auf der Schraubenoberfläche.
Während das Schraubloch einer alten Schlitzschraube unbedingt vorgebohrt werden muss, schneidet sich die moderne Spanplattenschraube ihr Loch selbst.
Selbstschneidende Schrauben sind sowohl mit Vollgewinde als auch mit einem vor dem Kopf abgesetzten Teilgewinde erhältlich. Wenn beispielsweise Dielen auf einer Balkenlage befestigt werden sollen, wählt man Teilgewinde, damit die Schraube die Diele an den Balken heranzieht.

**Für die klassische Holzschraube müssen Sie vorbohren, sonst lässt sie sich nicht eindrehen.**

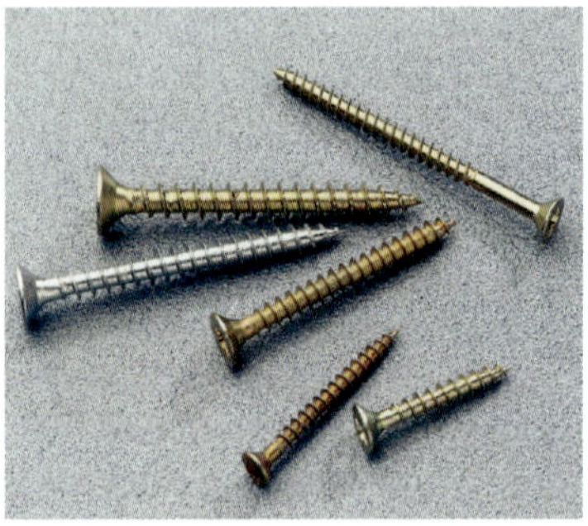

**Selbstschneidende Kreuzschlitzschrauben haben einen dünneren Kern und ein schärferes Gewinde.**

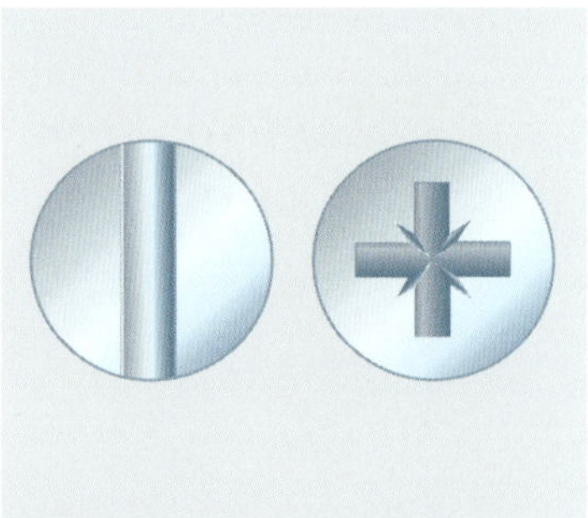

**Links die alte Schlitzaufnahme, rechts ein Pozidriv-Kreuzschlitz des heute gängigsten Schraubentyps**

## Stets den richtigen Schraubendreher wählen

Um Schraubendreherklinge und Schraubenkopf vor unnötigem Verschleiß zu bewahren, sollten Sie stets eine genau zum Schlitz der Schraube passende Klinge verwenden. Achten Sie bei Kreuzschlitzschrauben auf den Schlitztyp. Neben dem vorherrschenden Pozidriv-Schlitz gibt es vereinzelt noch immer Schrauben mit dem älteren Philips-Schlitz.
Die Pozidriv-Ausführung besitzt im Vergleich die günstigere Geometrie: Das Schraubwerkzeug wird besser zentriert und überträgt die Kräfte besser auf die Schraube. Dadurch verringert sich auch der erforderliche Anpressdruck.
Benutzt man den falschen Kreuzschlitzschraubendreher, werden sowohl Klinge als auch Schraubenschlitz beschädigt.
Zur Grundausstattung der Heimwerkstatt gehören ein breiter und ein schmaler Schlitzschraubendreher, mindestens zwei Größen Kreuzschlitzschraubendreher sowie ein sogenannter Stummelschraubendreher für enge Einsatzbereiche. Daneben gibt es auch Winkelschraubendreher, die sich dort einsetzen lassen, wo für den Schaft eines normalen Werkzeugs kein Platz ist.
Um sich die Arbeit zu erleichtern, kann man einen Drillschraubendreher verwenden. Er wandelt den Druck auf den Griff wahlweise in eine Rechts- oder Linksdrehung der Klinge um.

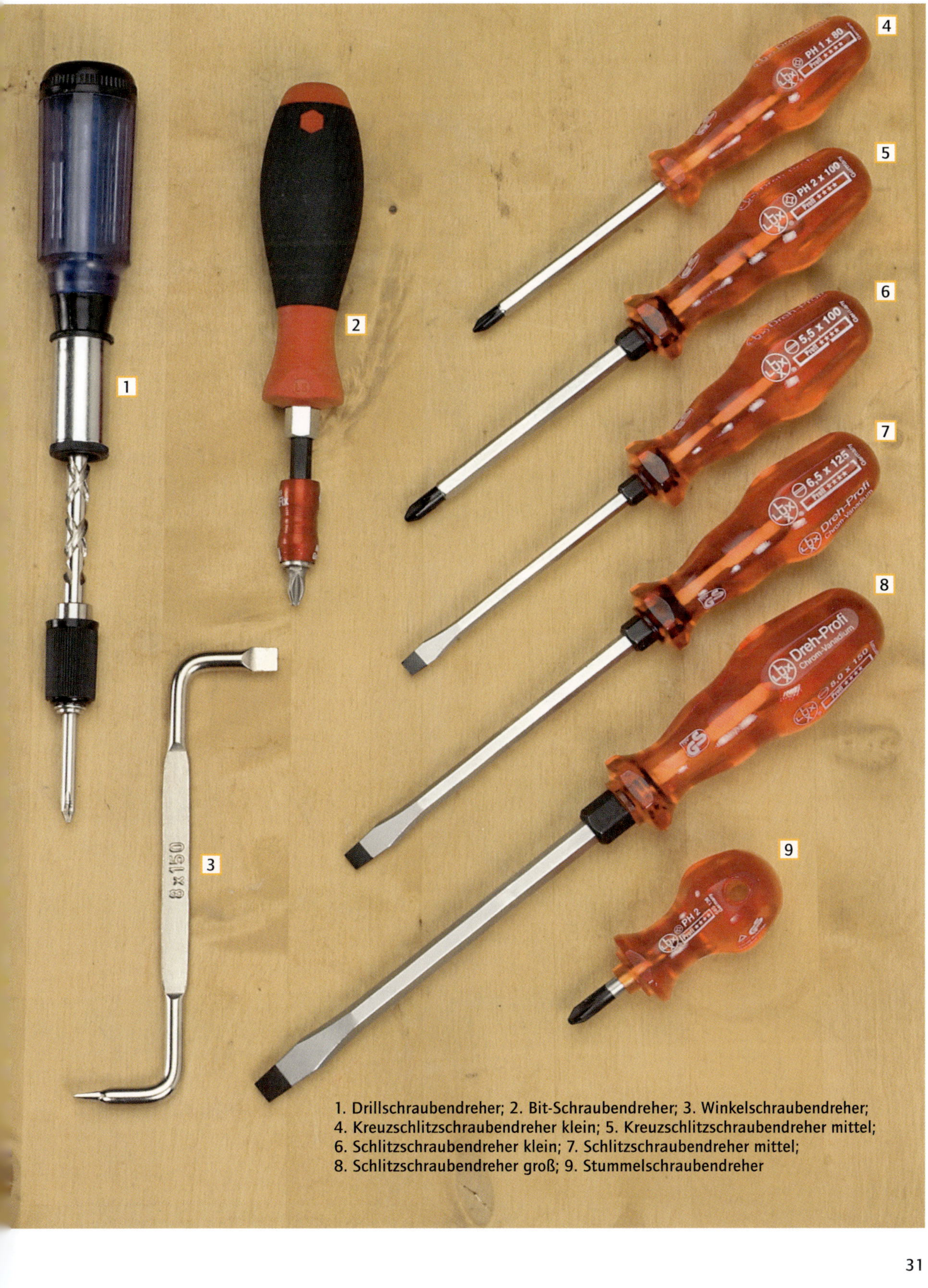


1. Drillschraubendreher; 2. Bit-Schraubendreher; 3. Winkelschraubendreher; 4. Kreuzschlitzschraubendreher klein; 5. Kreuzschlitzschraubendreher mittel; 6. Schlitzschraubendreher klein; 7. Schlitzschraubendreher mittel; 8. Schlitzschraubendreher groß; 9. Stummelschraubendreher

Der Akkuschrauber hat heute den Schraubendreher weitgehend verdrängt.

Selbstschneidende Schrauben lassen sich mühelos eindrehen.

## Maschinenkraft erleichtert das Ein- und Ausdrehen

Auch wenn man selbstschneidende Schrauben mit geringem Eindrehwiderstand verwendet, ist das Verarbeiten vieler Schrauben doch sehr mühsam. Bevorzugt wird hier ein Akkuschrauber eingesetzt. Er hat meist eine Sechskantaufnahme, in die man die passende Schrauberklinge – Bit genannt – einsetzen kann.
Neben Bits mit Schlitz- und Kreuzschlitzausführung gibt es auch Werkzeuge für Spezialschrauben mit Inbus- oder Torx-Aufnahmen (rechts eine Auswahl der wichtigsten Typen). Die alte Schlitzschraube ist allerdings fürs Eindrehen

**Bei guten Akkuschraubern kann man das Drehmoment auf die einzudrehenden Schrauben abstimmen.**

mit dem Akkuschrauber nur bedingt geeignet. Die Klinge lässt sich darin nur unzureichend zentrieren und rutscht daher häufig vom Schraubenkopf ab. Beschädigungen an Schraube und Werkstück können die Folge sein.
Da bei einem Bit sehr große Kräfte über relativ kleine Flächen weitergegeben werden, müssen sie aus besonders hochwertigem Material gefertigt sein. Auch das Herstellungsverfahren hat Einfluss auf Qualität und Standzeit des Werkzeugs.
Besonders hoch belastbar sind geschmiedete und im Anschluss daran gehärtete Bits. Bei Billigangeboten ist durchweg Vorsicht angesagt: Maßhaltigkeit und Bruchfestigkeit solcher Bits erweisen sich oft als mangelhaft.

Bitaufnahmen für Bohrmaschine oder Akkuschrauber und Bits für unterschiedliche Schrauben

# Werkzeuge zum Spannen und Fixieren

## Die Funktion von Schraub- und Klemmzwingen

Zwingen und andere Spannwerkzeuge braucht man, um Hölzer bei der Bearbeitung zu fixieren oder um sie beim Verleimen fest aufeinander zu pressen.
Die gebräuchlichste Zwinge ist die Schraubzwinge (siehe große Abbildung rechte Seite). Schraubzwingen werden in verschiedenen Spannweiten und Auslegungen angeboten. Man sollte mindestens zwei Zwingen mit einer Spannweite von 30 cm und zwei von 60 cm haben.
Schraubzwingen haben am Ende einen festen und darunter einen beweglichen Spannarm, der sich auf dem sogenannten Steg stufenlos verschieben lässt. Im beweglichen Spannarm dreht sich die mit einem stabilen Griff versehene Spindel, deren obere Platte beim Anziehen gegen das Werkstück gedrückt wird. Man schraubt die Spindel zuerst ganz zurück, setzt die Zwinge mit dem festen Spannarm an und schiebt dann den beweglichen Arm an das Teil heran. Dann wird die Spindel angezogen (nur von Hand, nicht mithilfe einer Zange), wobei sich der Spannarm am Steg verklemmt. Je nach Anzugskraft baut sich zwischen den beiden Spannstellen dann ein entsprechender Druck auf.

Spanngurt mit Rahmenecken aus Kunststoff. Man setzt die Rahmenecken auf die vier Gehrungen und zieht dann den Spanngurt stramm. Zwischendurch werden die Gehrungen auf korrekten Sitz überprüft.

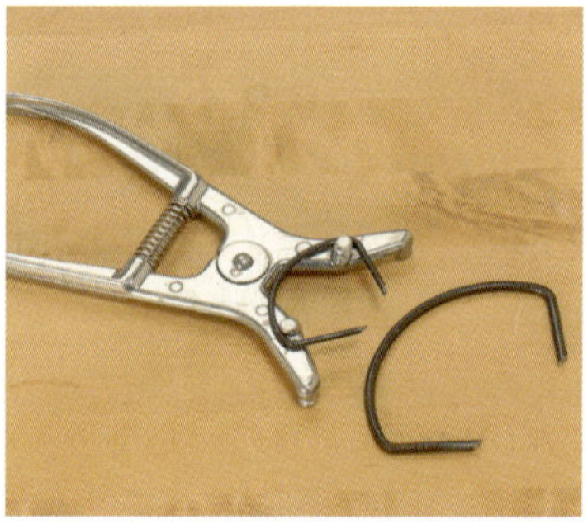

Beim Verleimen von Rahmenleisten werden Spannklammern benutzt, die man mit der Spreizzange setzt.

Die Einhandspannzwinge erlaubt das Anziehen der Zwinge durch „Pumpen" am Pistolengriff.

Gebräuchliche Spannwerkzeuge (von links nach rechts): Schraubzwinge klein und mittel, Klemmzwinge mit Exzenterhebel

Kunststoffkappen an den Spannstellen und Zulagen aus Abfallholz sorgen dafür, dass das Werkstück keine Druckstellen bekommt. Bei den sogenannten Klemmzwingen schützen Korkauflagen das Holz. Klemmzwingen werden nicht mit einer Spindel, sondern durch Umlegen eines Hebels gespannt. Ein Exzenter drückt dabei die Spannstelle des beweglichen Spannarms nach oben. Gleichzeitig verklemmt sich der Spannarm auf dem Steg.

**Damit das Werkstück beim Fixieren keine Druckstellen bekommt, legt man ein Stück Restholz dazwischen.**

**Klemmzwingen haben Korkauflagen an den Druckflächen, um die Werkstückoberflächen zu schonen.**

Um Bretter zu Platten zu verleimen, braucht man große Schraubzwingen.

Die Bretter werden so angeordnet, dass sich die typische Krümmrichtung wechselseitig ausgleicht.

## Spannvorrichtungen für die Rahmenverleimung

Wenn auf Gehrung geschnittene Rahmenleisten miteinander verleimt werden sollen, braucht man Spannvorrichtungen, die im Winkel von 90° auf die Teile drücken. Eine elegante Lösung bieten Spanngurte mit Rahmenecken aus Kunststoff (großes Bild S. 34). Man legt die Rahmenecken an, richtet die Gehrungen aus und zieht dann den Gurt stramm. Sollen Gehrungen einzeln verleimt werden, bietet sich der Einsatz von Gehrungsklammern aus Federstahl an, die mit einer speziellen Spreizzange auf Spannung gebracht und auf die Außenecken gesetzt werden.

**Auch beim Arbeiten mit der Oberfräse ist die Hobelbank hilfreich: So wird ein Werkstück sicher fixiert.**

## Die Hobelbank und ihre Spannvorrichtungen

Wer eine Hobelbank besitzt, kann mit Vorder- und Hinterzange Werkstücke nicht nur zur Bearbeitung fixieren, sondern auch zum Verleimen zusammenpressen. Besonders interessant ist die enorme Spannweite, die beim Einsatz der Bankhaken entsteht.
Wichtig bei der Verwendung von Vorder- und Hinterzange: Die Teile möglichst mittig einspannen, damit die Spindel nicht seitlich verbogen wird.
Sehr praktische Spannvorrichtungen bieten auch die meisten Universalwerkbänke. Man kann damit Werkstücke fixieren, aber auch zum Verleimen verpressen.

Die Vorderzange hält hier ein Schwalbenschwanzstück beim Ausstemmen.

Zwischen Vorderzange und Bankhaken spannt man Leisten ein.

# Werkzeuge pflegen und schärfen

## So werden Eisen fachgerecht angeschärft

Ob Stemm- bzw. Stecheisen, Hobel, Sägen oder Fräswerkzeuge – überall dort, wo Klingen oder Zähne Holz abtragen, kommt es darauf an, die Werkzeuge scharf zu halten. Nur gut angeschliffene Werkzeuge bringen optimale Ergebnisse. Sie lassen sich zudem leichter und sicherer handhaben, da man weniger Kraft benötigt.

Stemm- und Stecheisen wie auch Hobeleisen haben in der Regel einen sogenannten Keil- oder Schärfwinkel von 25°. Dieser Winkel darf beim Anschleifen und Nachschärfen des Werkzeugs nicht verändert werden. Ausnahme: Für die Bearbeitung von Hartholz schleifen manche Schreiner ihre Werkzeuge am Ende der Fase in einem etwas steileren Winkel von 30 bis 35° an (siehe Zeichnung unten).

Zum Vorschleifen drückt man ein Eisen mit seiner Fase im Keilwinkel von 25° auf die rauere Seite des Schleifsteins und führt es unter leichtem Druck vor und zurück. Eine Schärflehre, in die sich Eisen unterschiedlicher Breite einspannen lassen, erleichtert das Schärfen im korrekten Winkel. Wenn sich an der Spiegelseite des Eisens ein feiner Grat gebildet hat, geht es ans Feinschleifen. Dazu legt man das Eisen mit der

So wird ein Hobeleisen oder Stemmeisen von Hand angeschärft. Zuerst führt man die Fase im Winkel von 25° unter leichtem Druck vor und zurück, bis sich auf der Spiegelseite ein feiner Grat gebildet hat.

Durch Abziehen der Spiegelseite wird der Grat wieder umgebogen. Den Wechsel mehrfach wiederholen.

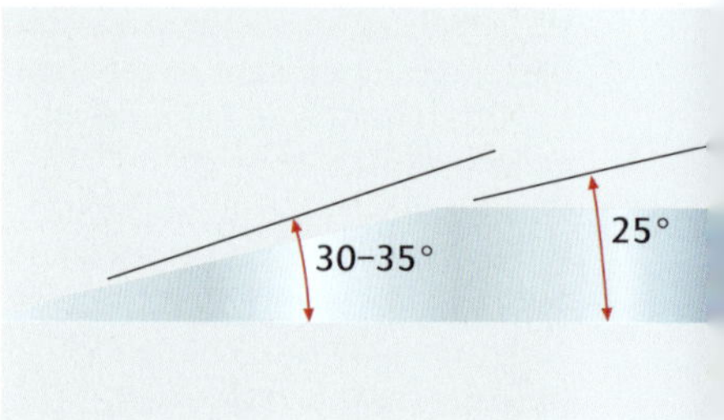


Der übliche Schärf- oder Keilwinkel beträgt 25°. Für die Hartholzbearbeitung sind 30–35° besser. Man schleift dann aber nur die Spitze der Fase im steileren Winkel an.

Mit dem Schreinerwinkel wird ein abgenutztes Eisen überprüft und die neue Schneidkante fein angerissen.

Die Schneidkanten stark abgearbeiteter Werkzeuge werden zuerst im steilen Winkel rechtwinklig geschliffen.

Zuletzt stellt man die Werkzeugauflage um und schleift im 25°-Winkel eine neue Fase an. Wichtig: Das Eisen muss immer wieder ins Wasser getaucht werden, damit es nicht zu heiß wird und seine Härte verliert.

Das Schärfgerät für Spiralbohrer sorgt automatisch für den richtigen Schliff.

Spiegelseite flach auf die feine Seite des Schleifsteins und schiebt es vor und zurück, bis der Grat sich zur Fase hin gebogen hat. Anschließend wird die Fase auf der feinen Seite des Steins bearbeitet, bis der Grat wieder zum Spiegel hin weist. Wenn man diesen Wechsel mehrmals hintereinander vollzieht, verschwindet der Grat und die Klinge hat schließlich optimale Schärfe.
Vorschleifen muss man übrigens erst, wenn die Schneide stark abgearbeitet ist. Meist reicht schon das Abziehen an der feinen Steinseite.
Sehr stark und unregelmäßig abgearbeitete Schneiden werden mithilfe einer elektrischen Schleifmaschine neu angeschliffen. Am besten sind Maschinen mit langsam laufenden wassergekühlten Scheiben. Läuft die Scheibe trocken, tauscht man das Eisen in kurzen Abständen ins Wasser, damit es nicht überhitzt. Klingen, die beim Schleifen zu heiß wer-

Mit der Dreieckfeile lassen sich die Zähne der Säge anschärfen.

den, verlieren ihre Härte und sind nicht mehr zu gebrauchen.
Wie die Fotos auf Seite 39 zeigen, wird bei einem unregelmäßig abgearbeiteten Eisen zuerst die Kante wieder rechtwinklig geschliffen. Dazu taucht man es ins Wasser und hält es mit der Fase nach unten in einem relativ steilen Winkel an die rotierende Schleifscheibe. Dabei wird es dann seitlich hin und her bewegt. Mit einem Winkel überprüft man zwischendurch, ob die Schneidkante wieder gerade ist.
Ist das Eisen rechtwinklig, wird die Werkzeugauflage so umgebaut, dass das Eisen in einem Winkel von 25° zur Schleifscheibe liegt. Nun wird eine neue Fase angeschliffen. Dabei muss das Eisen immer wieder im Wasser gekühlt werden.
Nach der Vorarbeit an der elektrischen Schleifscheibe wird das Eisen von Hand in der oben beschriebenen Weise am Schleifstein nachbearbeitet.

## Sägeblätter, Bohrer und Fräser scharf halten

Bei einer guten Säge lohnt es sich, die Zähne nachzuschärfen, wenn das Werkzeug stumpf geworden ist. Man klemmt das Blatt zwischen zwei Hartholzleisten in der Hobelbank ein und führt dann eine feine Dreieckfeile in jeder zweiten Zahnlücke in Richtung des Schliffs je zwei bis drei Mal an der Zahnschneide entlang. Dann wird das Blatt umgedreht, um die anderen Zähne bearbeiten zu können. Bei üblichen Fuchsschwänzen für Längsschnitte hält man die Feile dabei im rechten Winkel. Bei Zahnung für Querschnitte beträgt der Feilwinkel etwa 65°.
Auch beim Anschleifen von Spiralbohrern kommt es auf den richtigen Winkel an. Hier ist ein Bohrerschärfgerät sehr nützlich, das mit einer Bohrmaschine betrieben wird. Man steckt die Bohrer einfach in das zum Durchmesser passende Loch und automatisch wird die Spitze richtig angeschliffen.
Was Fräser für die Oberfräse betrifft, muss man solche aus Hartmetall zu einer professionellen Schleiferei geben, um sie nachschärfen zu lassen. Fräser aus Hochleistungsschnellstahl (HSS) können an einem feinen Schleif- oder Formstein abgezogen werden. Wichtig ist bei Fräsern das Reinigen von Verharzungen (mit Petroleum) und das fachgerechte Aufbewahren im Ständer.

**Fräser werden in Petroleum gereinigt. Wichtig: Kugellager nicht eintauchen, da das Fett gelöst würde.**

**Damit die empfindlichen Schneiden nicht beschädigt werden, bewahrt man Fräser in einem Ständer auf.**

# Elektrowerkzeuge zur Holzbearbeitung

## Spezialgeräte für verschiedene Einsatzgebiete

Früher war die elektrische Bohrmaschine, die gleichzeitig als Antrieb für diverse Zusatzgeräte diente, das wichtigste Elektrowerkzeug des Heimwerkers. Heute ist jede gut ausgerüstete häusliche Werkstatt mit einer Auswahl verschiedener Spezialgeräte zum Bohren, Sägen, Hobeln, Fräsen und Schleifen bestückt.
Diese Elektrowerkzeuge für den Heimwerker unterscheiden sich in der Anwendung kaum von den Profigeräten. Sie bieten vergleichbare Leistungen und einen ebenso hohen Sicherheitsstandard. Obwohl die verschiedenen handgeführten Elektrowerkzeuge für unterschiedliche Einsatzgebiete konstruiert sind, besitzen sie doch alle ein weitgehend gleiches Antriebsherz: einen sogenannten Universalmotor. Seine Drehzahl liegt bei 20 000 bis 30 000 Umdrehungen pro Minute. Durch mechanische Getriebe sowie elektronische Bauteile lässt sich diese hohe Drehzahl bei Bedarf für die entsprechenden Einsatzgebiete reduzieren und regeln.
Wichtig ist beim Umgang mit Elektrowerkzeugen die Beachtung der Sicherheitsregeln in den Bedienungsanleitungen. Niemals dürfen beispielsweise Werkzeuge gewechselt werden, ohne dass man vorher den Strom ausschaltet. Auch Sicherheitsabdeckungen an Sägen dürfen nicht blockiert oder entfernt werden.

**Die Handkreissäge schneidet unterschiedlichste Materialien: neben Holz z. B. auch Acryl oder Alu.**

**Der zur Grundausstattung gehörende Parallelanschlag führt die Säge an der Materialkante entlang.**

**Sägeschiene und Verbindungsadapter erlauben absolut präzise Schnitte auch in großen Platten.**

## Die Handkreissäge

Für lange, gerade Schnitte in Holz wird die elektrische Handkreissäge verwendet. Bei diesem Werkzeug sitzt der Motor auf einer Führungsplatte, die sich zur Veränderung von Schnitttiefe und Schnittwinkel verstellen lässt. Beachten Sie beim Kauf einer Handkreissäge, dass die Schnitttiefe sich bei Gehrungsschnitten durch die Schrägstellung deutlich verringert.
Bei der Handkreissäge sind die Sicherheitseinrichtungen besonders wichtig. Der sogenannte Spaltkeil verhindert, dass sich der Schnitt hinter der Maschine zusammenzieht und das Sägeblatt einklemmt. Die Schutzhaube deckt das Sägeblatt vollständig ab und wird erst zurückgeschwenkt, wenn es ins Material eintaucht. Wichtig ist auch eine Einschaltsperre, die versehentliches Einschalten verhindert.
Für materialgerechtes Arbeiten sollte eine Handkreissäge mit Drehzahlvorwahl, besser noch mit zusätzlicher elektronischer Drehzahlstabilisierung ausgestattet sein. Eine Sanft-Anlauf-Regelung macht ruckfreies Ansägen möglich. Ein eingebauter Überlastungsschutz verhindert, dass der Motor durchbrennt. Zur Führung der Maschine dient der zur Grundausstattung gehörende Parallelanschlag. Für längere präzise Schnitte auch quer über große Platten ist aber eine Führungsschiene unerlässlich.

BOSCH
PKS 46

Für Gehrungsschnitte von 45° kippt man die Fußplatte der Stichsäge entsprechend ab.

Ein Stichsägetisch macht die Maschine zum Stationärgerät für besonders diffizile Sägearbeiten.

## Stichsägen lassen sich besonders vielfältig einsetzen

Während die Handkreissäge sich nur für gerade Schnitte eignet, kann die Stichsäge auch enge Kurven bewältigen. Nach der Bohrmaschine ist sie heute das wichtigste Elektrowerkzeug für den Heimwerker. Sie können damit Parallelschnitte, Gehrungsschnitte und Kurvenschnitte durchführen.

Für die Herstellung von Gehrungen lässt sich die Fußplatte der Stichsäge bis zu 45° nach beiden Seiten schwenken.

Optimale Arbeitsergebnisse erhält man, wenn die Stichsäge mit einer Steuerelektronik ausgestattet ist, die eine exakte Anpassung der Hubzahl an das jeweilige Material erlaubt.

Während man beim Sägen von Metall niedrige Hubzahlen einstellt, wählt man bei Kunststoffen und Sperrhölzern mittlere und für die Bearbeitung von Massivholz und Spanplatten hohe Hubzahlen. Eine Verbesserung der Schnittleistung erlaubt die bei hochwertigen Geräten zuschaltbare Pendelhubeinrichtung. Bei dieser Technik wird das Sägeblatt in seiner Abwärtsbewegung vom Werkstück weggeschwenkt, um die Reibung zu verringern und die Spanabnahme zu verbessern. Bei der Aufwärtsbewegung wird das Blatt dann wieder nach vorn gedrückt und trägt erneut Späne vom Werkstück ab. Mit Pendelhub sägt man deutlich schneller.

Wenn allerdings besonders saubere Schnitte gefragt sind, schaltet man den Pendelhub besser ab. Auch beim Sägen von dünnen Werkstoffen und Metall wird ohne Pendelung gearbeitet.

Moderne Systeme zur Fixierung des Sägeblattes machen den Wechsel leicht. Beim SDS-System von Bosch beispielsweise braucht man kein Zusatzwerkzeug. Das Sägeblatt einfach einstecken, und schon kann gearbeitet werden.

Kurvenschnitte sind das Spezialgebiet der Stichsäge. Man benutzt dazu ein extra schmales Sägeblatt.

## Elektrische Fuchsschwänze für Spezialaufgaben

Als vielfältig einsetzbare Elektrosäge für alle Fälle bietet sich der Elektrofuchsschwanz an (Bild rechts). Dieser Sägetyp wurde im Profibereich entwickelt: speziell für das Durchtrennen von Hölzern und Metallprofilen, die sich nicht in die Werkbank einspannen lassen. Man setzt die Anschlagplatte der Säge gegen das Werkstück, und mit jedem Hub des sich axial bewegenden Blattes frisst sich die Säge ins Material hinein. Wenn man ein flexibles Bi-Metall-Sägeblatt verwendet, kann man mit dem Elektrofuchsschwanz alte Rohre bündig zur Wand absägen. Auch für den Elektro-Fuchsschwanz gibt es elektronische Regelungen wie Hubzahlvorwahl, die materialgerechtes Arbeiten ermöglichen. Ähnlich wie bei der Stichsäge wird eine zuschaltbare Pendelbewegung des Sägeblatts angeboten. Sie sorgt für schnelleren Sägefortschritt und bessere Kurvengängigkeit. Die Pendelbewegung kann mehrstufig reguliert werden. Ohne Pendelung wird in dünnen Werkstoffen und in Metall gesägt.
Statt eines Sägeblattes können Sie auch Feilen, Raspeln und Bürsten in das Gerät einspannen. Dadurch eröffnen sich ganz neue Anwendungsbereiche.
Einem echten Fuchsschwanz noch ähnlicher ist die größere Tandem-Säge (Bilder rechts oben und unten). Der Elektro-Fuchsschwanz hat ein starres Sägeblatt mit zwei beweglichen Zahnreihen – daher die Bezeichnung Tandem-Säge. Das starre Blatt garantiert eine präzise Führung beim freihändigen Durchtrennen von Brettern, Balken und Kanthölzern.
Man kann mit dem Tandem-Fuchsschwanz sehr gut Holzverbindungen etwa beim Bau von Pergolen herstellen. Mit den passenden Sägeblättern bestückt, durchtrennt das 30-cm-Schwert der Säge aber auch Kunststoffrohre oder Steine aus Porenbeton.

Das Sägeblatt des Elektrofuchsschwanzes taucht in die Arbeitsplatte ein und sägt ein Loch heraus.

Der Tandem-Fuchsschwanz mit seinem starren Sägeblatt kann besonders präzise ins Holz eintauchen.

Bestückt mit einer Raspel, versieht der Elektrofuchsschwanz Feinarbeiten an einem Werkstück aus Holz.

Die hohe Sägeleistung macht sogar das Durchtrennen eines zusammengespannten Brettstapels möglich.

Der Tandem-Fuchsschwanz schneidet auch dicke Balken sehr präzise.

Was beim Arbeiten mit einem Handhobel mühsam ist, geht mit dem Elektrohobel leicht vonstatten – sägeraue Holzoberflächen werden perfekt geglättet. Dabei lassen sich Späne bis etwa 3 mm in einem Gang abheben.

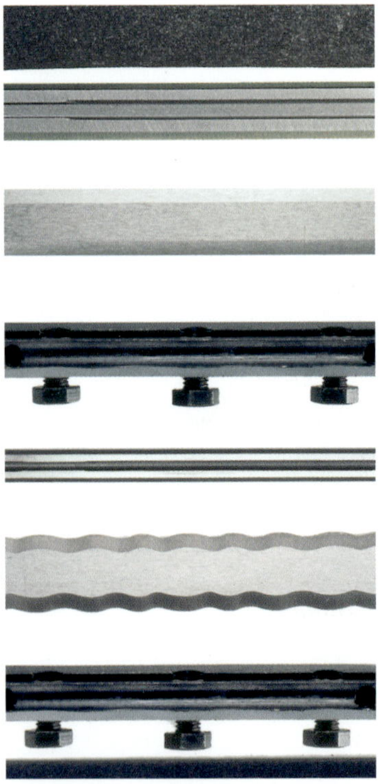

Neben glatten Hobelmessern können auch Profilmesser für rustikale Oberflächen montiert werden.

Arbeitsbeispiele für das gerade und schräge Fälzen von Werkstücken mit dem Elektrohobel

In Verbindung mit der Abricht- und Dickenhobeleinrichtung wird der Elektrohobel zum Stationärgerät.

## Elektrohobel zum Glätten und Fälzen

Beim Elektrohobel tragen zwei auf eine rotierende Welle montierte Messer die Späne von der Holzoberfläche ab. Die Hobelbreite beträgt 82 mm, die Spantiefe lässt sich in der Regel stufenlos von 0–3 mm einstellen. Zur Grundausstattung des Elektrohobels gehören meist hartmetallbestückte Wendemesser, die von zwei Seiten benutzt werden können, ehe man sie durch neue Messer ersetzen muss.

Neben dem Glätten sägerauer Oberflächen ist das Fälzen ein Haupteinsatzgebiet des Elektrohobels. Geführt am Parallelanschlag, schneidet der Hobel Falze bis 20 mm Tiefe.

Als Zubehör gibt es eine Abricht- und Dickenhobeleinrichtung zur stationären Montage des Hobels. Kanthölzer und Leisten können damit wie bei einer großen Hobelmaschine bearbeitet werden.

## Die Oberfräse – das Kreativwerkzeug

Als vielseitigstes und kreativstes Elektrowerkzeug gilt die Oberfräse. Dieses Gerät ermöglicht es dem Heimwerker, anspruchsvolle Möbelstücke auf sehr kreative Weise zu bauen.
Mit einer Oberfräse können Sie Kanten fälzen und profilieren, Nuten herstellen, bohren und nach vorbereiteten Schablonen fräsen, um nur die wichtigsten Einsatzgebiete zu nennen. Das Spannfutter, in dem der Fräser, das eigentliche Werkzeug, sitzt, wird bei der Oberfräse direkt über die Motorspindel in eine Drehbewegung von bis zu 27000 Touren versetzt. Bei anderen Elektrowerkzeugen muss die hohe Drehzahl des verwendeten Universalmotors durch Getriebe und elektronische Bauteile deutlich reduziert werden. Bei der Oberfräse dagegen ist diese enorme Tourenzahl unbedingt erwünscht. Sie garantiert in den meisten Fällen das beste Fräsergebnis.
Hochwertige Geräte sind mit einer sogenannten Constant-Electronic ausgestattet, die bei Belastung des Motors einen spontanen Kraftnachschub ermöglicht. Maschinen mit Constant-Electronic liefern so eine gleichbleibende Schnittqualität und sind für lange Schnitte und große Eintauchtiefen besonders geeignet.

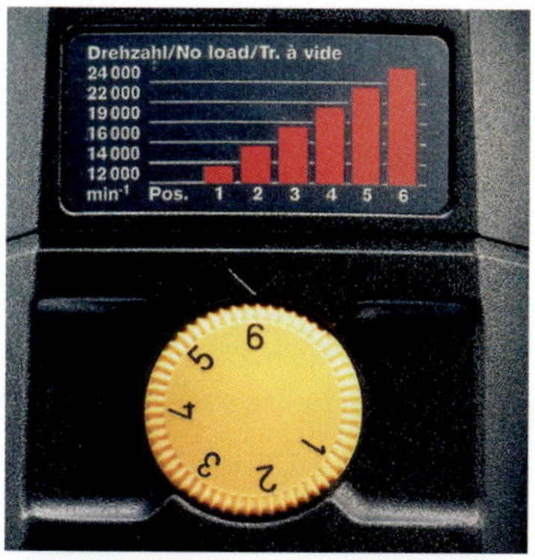


**Elektronische Vorwahl der Drehzahl je nach Material und Werkzeug bringt optimale Fräsergebnisse.**

**Eine Oberfräse, bei der Maschinenteil und Fräskorb eine Einheit bilden. Zur Grundausstattung gehören Parallelanschlag, Absaugadapter und Kopierhülse.**

**Bei dieser Oberfräse können Motorteil und Fräskorb getrennt werden. Das Gerät lässt sich dann stationär in einen Bohr- und Fräsständer montieren.**

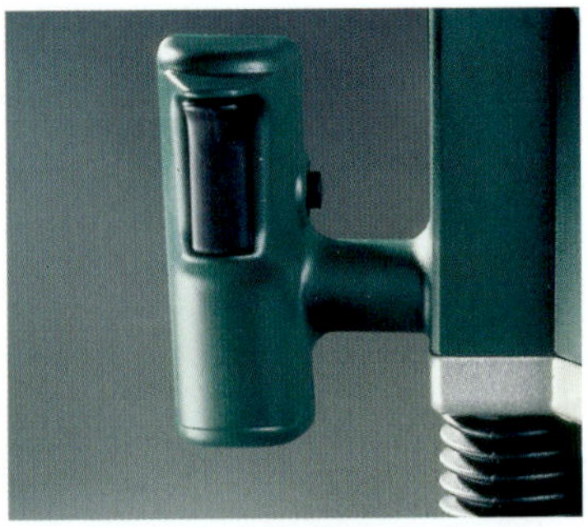

Ein- und Ausschalter sowie Dauerlaufarretierung sind hier ergonomisch im Handgriff untergebracht.

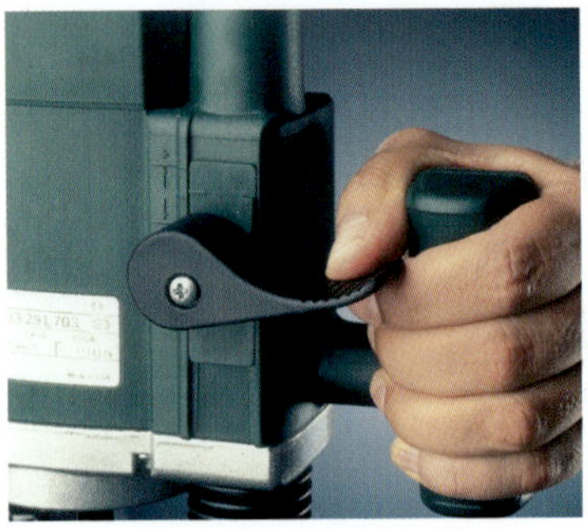

Ein Spannhebel mit Rückholfeder erlaubt bequemes Absenken und Eintauchen des Fräswerkzeugs.

Obwohl eine Oberfräse in den meisten Fällen umso sauberer arbeitet, je höher der Motor dreht, ist oft doch eine individuelle Vorwahl der jeweils optimalen Drehzahl sinnvoll. Auch das ist mit der Constant-Electronic möglich. Je größer der äußere Durchmesser eines Fräswerkzeugs ist, desto höher ist die tatsächliche Schnittgeschwindigkeit an den Schneiden. Daher wählt man für kleine Fräserdurchmesser eine höhere Drehzahl als für Fräser mit großem Durchmesser.

Eine Oberfräse gliedert sich in Motorteil und Fräskorb. Die Frästiefe bestimmt man durch Absenken des Motorteils in den damit verbundenen Fräskorb. Bei einigen Geräten, wie dem auf Seite 47 oben gezeigten, bilden beide Teile eine untrennbar miteinander verbundene Einheit. Bei anderen (S. 47 unten) kann der Motorteil gelöst und zum stationären Arbeiten in einen Bohr- und Fräsständer eingebaut werden. Einen solchen (lösbaren) Motor können Sie auch ganz ohne Fräskorb als so genannten Geradschleifer verwenden (siehe S. 50 oben).

Teilweise lassen sich Oberfräsen sogar unter für den Stationärbetrieb von Handkreissägen vorgesehene Sägetische montieren. Damit erhält man eine Tischfräse mit den Grundfunktionen eines stationären Profigeräts.

Eine Grundregel des Fräsens sagt: Bei großen Werkstücken wird nach Möglichkeit die Oberfräse ans Werkstück herangeführt, bei kleineren Teilen führt man besser umgekehrt das Werkstück an die stationär montierte Oberfräse heran.

Zur Führung an der Werkstückkante ist die Oberfräse mit einem Parallelanschlag versehen, der zur Grundausstattung gehört.

Ein Kurvenanschlag erlaubt auch das Bearbeiten geschweifter Kanten. Mit der Kreisführung können Sie kreisförmige Nuten und Profilierungen herstellen.

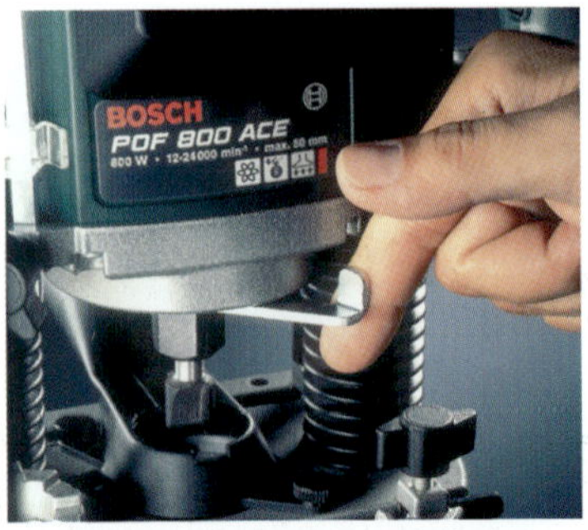


Eine Spindelarretierung wie bei diesem Gerät erlaubt den schnellen und einfachen Fräserwechsel.

Kopierhülsen für das Schablonenfräsen werden hier durch einen praktischen Bajonettverschluss fixiert.

Wichtig für hochwertige Fräsergebnisse: Die Frästiefe sollte sich bis auf 1/10 mm durch eine Feineinstellung justieren lassen.

Der Bohr- und Fräsständer macht aus der Oberfräse ein Stationärgerät. Man braucht für diese Kombination eine Maschine, die sich vom Fräskorb lösen lässt und eine genormte Halsweite aufweist.

Hier die Kombination Oberfräse mit einem speziellen Frästisch. Die Oberfräse wird so zum Stationärgerät.

Die Stationärmontage erlaubt Fräsarbeiten, die sonst nur mit einer großen Tischfräse möglich sind.

Losgelöst vom Fräskorb wird der Maschinenteil der Oberfräse zum praktischen Geradschleifer.

Durch den Anbau des Kantenfräsvorsatzes an den Motor der Oberfräse entsteht eine Kantenfräse.

Ohne Führungsanschlag wird die Oberfräse eingesetzt, um mit freihändiger Führung reliefartige Verzierungen in Holzoberflächen herzustellen. Teilweise übernimmt auch das Fräswerkzeug selbst die Führung an der Werkstückkante. Unterhalb der Schneide befindet sich in diesem Fall ein sogenannter Anlaufzapfen oder ein kugelgelagerter Anlaufring, der gegen die Plattenkante stößt und so das seitliche Eintauchen des Fräsers ins Werkstück begrenzt.
Eine gute Oberfräse sollte ergonomisch geformte Handgriffe aufweisen, die auch Linkshändern problemloses Arbeiten erlauben. Ein- und Ausschalter müssen vom Handgriff aus betätigt werden können. Wichtig für befriedigende Fräsergebnisse ist eine präzise Tiefeneinstellung. Hochwertige Geräte besitzen eine Vorrichtung, mit der die Frästiefe zunächst grob voreingestellt wird. Nach einer Probefräsung kann man die Einstellung dann durch eine Feinjustierung nach Bedarf korrigieren. Grundsätzlich sollte bei Arbeiten mit der Oberfräse stets die Einstellung von Anschlag und Frästiefe an einem Probestück überprüft werden, ehe man das Originalwerkstück bearbeitet.
Nicht zuletzt besitzen gute Oberfräsen einen Adapter zum Anschluss eines Staubsaugers. Der praktische Vorteil: Man hat freie Sicht auf das Werkstück und der Arbeitsplatz bleibt sauber.

Viertelstabfräser mit kugelgelagertem Anlaufzapfen, der das Werkzeug an der Werkstückkante führt.

Ein Absaugadapter erlaubt es, die Oberfräse mittels flexiblem Schlauch an einen Haushaltsstaubsauger oder einen Allzwecksauger anzuschließen. Vorteile: Freie Sicht auf das Werkstück und der Arbeitsplatz bleibt sauber.

## Die Bohrmaschine – ein unentbehrlicher Helfer

Handbohrer und Bohrwinden werden heute in der Holzbearbeitung so gut wie nicht mehr eingesetzt. Die elektrische Bohrmaschine hat diese Aufgaben vollständig übernommen. Man kann mit der Bohrmaschine bohren, schrauben und sogar Gewinde schneiden. Ideal für den universellen Einsatz ist eine mittelschwere Maschine mit rund 600 Watt Leistung.
Um stets mit materialgerechter Drehzahl arbeiten zu können, ist eine elektronische Drehzahlvorwahl zu empfehlen. Die Drehzahlsteuerung über den Drückschalter ermöglicht es, langsam anzubohren – z. B. bei empfindlichen Materialien – und dann zügig mit

**Der Bohrständer macht das Gerät zur Tischbohrmaschine für präzis senkrechte Bohrungen.**

voller Drehzahl weiterzuarbeiten. Maschinen mit sogenannter Constant-Electronic halten die vorgewählte Drehzahl auch unter Belastung selbsttätig konstant. Die Elektronik reagiert mit spontanem Kraftnachschub bei Belastung.
Für eine komfortable Bedienung der Maschine sorgt ein Schnellspann-Bohrfutter. Man braucht dann kein zusätzliches Werkzeug, um das Bohrfutter für einen Werkzeugwechsel zu lösen und wieder festzuspannen.
Für besonders präzise Bohrarbeiten ist ein Bohrständer mit einstellbarem Tiefenanschlag unerlässlich. Die Maschine wird mit ihrem Spannhals fest in den Bohrständer eingespannt.

**Mit einem Spiralbohrer für Holz bestückt, bohrt diese Maschine von 850 Watt Löcher bis zum Durchmesser von 40 mm.**

**Beim Serienschrauben sorgt die elektronische Drehkraftvorwahl dafür, dass eine Schraube wie die andere gleichmäßig und bündig eingedreht wird.**

Für den Feinschliff großer Flächen ist der Schwingschleifer das ideale Werkzeug. Damit der anfallende Staub nicht in die Raumluft gelangt, wird er direkt in das Auffangsystem befördert.

Der Staubauffangbehälter mit Lamellenfilter hat 30% mehr Kapazität als ein Papierstaubbeutel.

Für komfortable Bedienung: Das Schleifblatt wird durch Umlegen eines Spannhebels fixiert.

Regelmäßig muss der Behälter entleert und der dauerhaft verwendbare Filter gereinigt werden.

Bei Schleifplatten mit Klettverschluss geht es noch schneller: Altes Blatt abziehen, neues andrücken.

## Der Schwingschleifer leistet letzte Feinarbeit

Bevor ein Werkstück aus Holz seine Oberflächenbehandlung erhält, muss es zunächst gründlich geschliffen werden. Für den letzten Feinschliff benutzt man einen Schwingschleifer. Bei diesem Elektrowerkzeug wird der Schleifteller durch einen exzentrischen Antrieb in kreisförmige Schwingungen versetzt. Führt man das Gerät mit geringem Druck in geraden Bahnen in Richtung des Faserverlaufs, entsteht ein Schliffbild, das dem klassischen Handschliff sehr nahe kommt.

Moderne Geräte verfügen über eine integrierte Absaugung, die den Schleifstaub direkt durch die Löcher in der Schleifplatte und im Papier in den Staubsack befördert. Noch wirksamer ist eine externe Absaugung durch einen Werkstattsauger. Absaugen verbessert die Abtragsleistung und erhöht die Standzeit der Blätter.

## Exzenterschleifer passen sich dem Werkstück an

Ein Schleifwerkzeug, das eigentlich aus dem Profibereich kommt, aber mehr und mehr auch vom Heimwerker eingesetzt wird, ist der Exzenterschleifer. Beim Schwingschleifer erfolgt die Schleifbewegung in Kreisen, beim Exzenterschleifer dagegen werden zwei unterschiedliche Schleifbewegungen in einem Arbeitsgang vereint: zum einen die Rotation des Schleiftellers um die Antriebsachse, zum anderen die exzentrische Bewegung des Schleiftellers. Bei sehr starker Abtragsleistung entsteht durch diese Kombination ein besonders hochwertiges Schliffbild.
Ein weiterer Vorteil des Exzenterschleifers liegt darin, dass man mit seinem flexiblen Schleifteller auch gewölbte und konkave Flächen bearbeiten kann.

**Beim Exzenterschleifer überlagern sich die Exzenterbewegung und die Rotation des Schleiftellers.**

## Dreieckschleifer kommen in den engsten Winkel

Zum Bearbeiten feingliedriger Werkstücke und zum Schleifen in engen Ecken und Winkeln bietet sich der handliche und leichte Dreieck- oder Deltaschleifer an. Die dreieckige Schleiffläche säubert und glättet überall dort, wo früher Handarbeit erforderlich war. Zu diesem Werkzeug werden Vorsätze angeboten, die es noch variabler einsetzbar machen: so ein Lamellenschleifvorsatz und eine schmale Schleifzunge.

Auch große Flächen bearbeitet der Exzenterschleifer sehr zügig. Exzenterbewegung plus Rotation sorgen für eine hohe Abtragsleistung.

Mit seiner dreieckigen Schleifplatte gelangt der Deltaschleifer auch in enge Ecken und Winkel.

Der Lamellenschleifvorsatz macht den Deltaschleifer zum idealen Werkzeug für enge Zwischenräume.

Als Zubehör gibt es eine Schleifzunge, mit der sich sogar konkave und konvexe Formen bearbeiten lassen.

Beim Modellbau und anderen besonders feinen Arbeiten erweist sich die Schleifzunge als unentbehrlich.

Der Bandschleifer überzeugt durch hohe Abtragsleistung. Der Zusatzgriff vorn erlaubt eine präzise Führung des Gerätes.

Der als Zubehör erhältliche Schleifrahmen erlaubt das exakte Planschleifen großer Flächen.

Das Untergestell macht den Bandschleifer zum Stationärgerät. Hier wird eine Stirnkante bearbeitet.

Verwitterte Oberflächen schleift das Gerät mit einem groben Blatt im Nu bis aufs gesunde Holz herunter.

Parallel- und Winkelanschlag erweitern die Einsatzmöglichkeiten bei stationärer Verwendung.

## Der Bandschleifer leistet Schwerstarbeit

Der Bandschleifer ist unter den elektrischen Schleifwerkzeugen das Gerät mit der höchsten Abtragsleistung. Das über Antriebs- und Umlenkwalze laufende Schleifband kann auch bei groben Arbeiten kräftig zupacken. Weil die Abtragsleistung sehr hoch ist, muss man den Bandschleifer mit Fingerspitzengefühl einsetzen. Verzichten Sie beim Arbeiten mit diesem Werkzeug grundsätzlich auf zusätzlichen Anpressdruck. Das Eigengewicht der Maschine reicht vollkommen aus.

Beim Schleifen wärmeempfindlicher Materialien wie Kunststoffen ist eine elektronische Drehzahlsteuerung günstig.

Für den Feinschliff großer Flächen empfiehlt sich die Verwendung eines Schleifrahmens, der für gleichmäßigen und exakt dosierten Materialabtrag sorgt.

Staubauffangsysteme bzw. Staubabsaugung sind beim Bandschleifer unerlässlich.

Der Vario-Schleifer ist ein feiner Bandschleifer, den man auf ein Untergestell montieren kann.

Besonders praktisch ist in der Heimwerkstatt ein stationär montierter Bandschleifer. Daran kann man kleine Teile sehr gut bearbeiten. Das Untergestell erlaubt es, den Bandschleifer waagerecht oder senkrecht zu montieren. In Verbindung mit dem Parallel- und Winkelanschlag können Sie beispielsweise die Kanten von Leisten glätten oder abschrägen.

## Der Elektroschaber als Schnitzwerkzeug

Ein Werkzeug, das entwickelt wurde, um Böden und Wände mit einem elektrisch angetriebenen Spachtel von Kleberresten etc. zu befreien, ist mittlerweile zu einem beliebten Schnitzwerkzeug geworden. Nachdem die Techniker alternativ zu den verschiedenen Schabwerkzeugen eine Auswahl von Schnitzklingen entwickelt hatten, entdeckten viele Heimwerker die Schnitzkunst für sich.

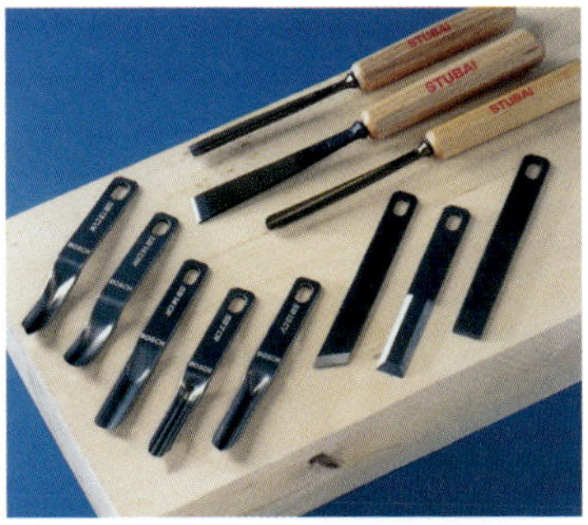


**Neun verschiedene Stech- und Hohleisen machen aus dem Elektroschaber ein Schnitzwerkzeug.**

Schnitzarbeiten, die sonst mühsam von Hand gefertigt werden mussten, lassen sich jetzt komfortabel mittels Motorkraft realisieren. Neun verschiedene Stech- und Hohlbeitel stehen zur Verfügung. Mit einem Knopfdruck lassen sich die Werkzeuge beim Wechseln lösen und fixieren.

**Mühsames Treiben der Schnitzmesser mit dem Klüpfel muss nicht mehr sein: Der Elektroschaber drückt das Schnitzwerkzeug mit Motorkraft nach vorn.**

## Ein Allzwecksauger für die Heimwerkstatt

Dass Staubabsaugung beim Schleifen, Fräsen usw. unerlässlich ist, wurde bereits angesprochen. Optimale Saugwirkung wird erzielt, wenn man die Einzelgeräte per Schlauch an einen großen Allzwecksauger anschließt.
Damit der Sauger nicht umständlich zugeschaltet werden muss, gibt es die Fern-Einschaltautomatik: Über den Ein-/Aus-Schalter des angeschlossenen Elektrowerkzeugs wird der Sauger automatisch zugeschaltet.

**Das Kabel der Säge wird in die Dose des Allzwecksaugers gesteckt. Schaltet man dann die Säge ein, geht auch der Sauger in Betrieb.**

# Stationäre Holzbearbeitungsgeräte

## Die Tischkreissäge ist das wichtigste Stationärgerät

Die bei Schreinerarbeiten am häufigsten eingesetzte Maschine ist die Tischkreissäge. Natürlich lassen sich fast alle Schnitte auch mit der Handkreissäge durchführen, doch in Sachen Präzision und Leistungsfähigkeit ist das Stationärgerät einfach besser. Zudem ist es bei kleineren Holzteilen grundsätzlich besser, wenn man das Material zum Werkzeug führt und nicht umgekehrt.

Neben kleineren Kompaktgeräten ohne Tischuntergestell gibt es ausbaufähige Varianten, die man Zug um Zug zum kompletten Holzbearbeitungszentrum ausbauen kann. Durch Umrüsten der Maschine sind dann Zusatzfunktionen wie Fräsen, Langlochbohren oder Drechseln möglich. Selbst Kombi-Geräte, die Sie wahlweise zur Säge oder zur Hobelmaschine machen können, werden angeboten. Die Vielseitigkeit wird dann aber häufig durch lästige Umbau-Aktionen erkauft.

Ideal für den engagierten Heimwerker ist eine solide Tischkreissäge mit möglichst großer Platte, einem stabilen Parallelanschlag und einem für Gehrungsschnitte verstellbaren Queranschlag. Sollen größere Teile bearbeitet werden, sind Tischverlängerungen und ein Schiebeschlitten für den Queranschlag sinnvoll. Verschiedene Hersteller bieten abgespeckte Profi-Tischkreissägen, mit denen alle wichtigen Arbeitstechniken möglich sind, zu erschwinglichen Preisen an.

Der Queranschlag des Schiebeschlittens ist hier 700 mm lang und lässt sich beidseitig um 47° schwenken.

**Eine vollständig ausgebaute Tischkreissäge mit zwei abschwenkbaren Tischverbreiterungen und einem Schiebeschlitten für den Queranschlag**

Bei 90°-Stellung beträgt die Schnitthöhe mehr als 100 mm.

Mit dem verstellbaren Queranschlag und Schiebeschlitten lassen sich auch größere Platten schräg zuschneiden.

Die Kombi-Säge im Einsatz als Tischkreissäge. Hier wird ein Brett am Parallelanschlag geführt und so in Längsrichtung aufgetrennt.

Nach dem Umbau ist das Gerät eine Kapp- und Gehrungssäge. Sie schneidet nicht nur Leisten und Paneele, sondern auch Kunststoff- und Aluprofile.

## Die kombinierte Kapp- und Tischkreissäge

Wer eine leistungsfähige Tischkreissäge für klassische Schreinerarbeiten sucht, gleichzeitig aber auch eine Kapp- und Gehrungssäge braucht, mit der sich typische Innenausbauarbeiten leicht erledigen lassen, ist mit dieser Kombination gut bedient.

Mit wenigen Handgriffen wird aus der Tischkreissäge eine Kapp- und Gehrungssäge – und umgekehrt. Dazu lässt sich der Tisch der Maschine um 180° schwenken. Für die Kraftübertragung vom Motor zum Sägeblatt sorgt hier statt des sonst üblichen Getriebes ein wartungsfreier Rippen-Riemen. Der stabile Parallelanschlag mit bedienungsfreundlicher Exzenterklemmung kann rechts und links vom Sägeblatt eingesetzt werden.

**Zusammengeklappt macht sich die Kombi-Säge ausgesprochen klein und kann gut verstaut werden.**

Das Sägeaggregat ist im Kappbetrieb von 90 bis 45° stufenlos schwenkbar und kann in jeder Winkelposition festgestellt werden. Auch beim Tischkreissägen lässt sich das Blatt bis 45° schräg stellen.

Zum Zuschneiden größerer Platten ist der Kauf von Zubehör sinnvoll. Je nach hauptsächlichen Einsatzgebieten sind Tisch- oder Seitenverlängerungen zu empfehlen, um die Auflagefläche zu vergrößern. Mehr Sägekomfort bietet zudem ein Queranschlag mit seitlichem Schiebeschlitten.

## Tischsägebetrieb

1 Beim Tischsägebetrieb muss der Spaltkeil durch Lösen einer Schraube in Position gebracht werden.

2 Am Spaltkeil wird die Schutz-/Saughaube angebracht. Dann montiert man den Parallelanschlag.

3 Bei werkseitiger Einstellung liegt die maximale Durchlasshöhe der Tischkreissäge bei 70 mm.

4 Um die Durchlasshöhe zu vergrößern, wird der Spaltkeil gelöst und mitsamt Haube angehoben.

5 Nach dem Festziehen der Mutter steckt man den Saugschlauch wieder auf. Die Tischkreissäge ist einsatzbereit und kann nun Balken bis 81 mm Höhe durchtrennen. Die Breiteneinstellung erlaubt Schnitte bis Furnierstärke.

## Falze sägen

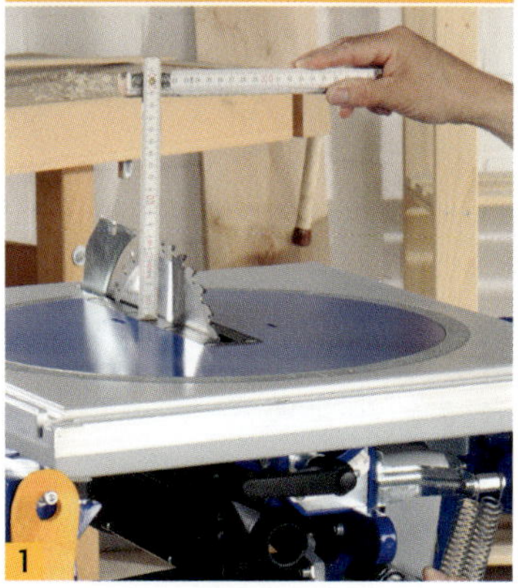

1 Die Höhenverstellung des Sägeblatts erfolgt per Handrad. Gleichzeitig misst man am Sägeblatt.

2 Für das Falzen von Werkstücken stellt man Schnitttiefe und Parallelanschlag entsprechend ein.

3 Bei korrekter Einstellung lassen sich so durch zwei Längsschnitte saubere Eckfalze herstellen.

## 45°-Schnitte herstellen

Um das Sägeblatt schräg zu stellen, muss man den Spannhebel lösen, es kippen und wieder arretieren.

Die Haube sitzt bei Schrägstellung etwas tiefer. Daher den Anschlag flach statt hochkant montieren.

Nun kann ein Paneelbrett auf Gehrung geschnitten werden, ohne dass sich Anschlag und Blatt berühren.

Hier sieht man, wie zwei Paneelgehrungen vorbereitet werden, um sie zu einem 90°-Winkel zu verleimen.

Man gibt Leim an die Gehrungsflächen und klappt die mit Klebeband fixierten Teile zusammen. Damit der Winkel bis zum Abbinden des Leims fest steht, umwickelt man das Ganze nochmals mit Klebeband.

## Nuten sägen

Für das Sägen von Nuten wird der Spankeil entfernt und das Blatt entsprechend der Nuttiefe abgesenkt.

Nach dem ersten Schnitt legt man ein Hilfsholz in Nutbreite an den Anschlag, um die Breite zu definieren.

Zwischen den beiden Begrenzungsschnitten wird das Abfallholz durch weitere Schnitte weggesägt.

## Umrüsten der Säge

1 Bevor der Sägetisch gewendet wird, muss die Unterflurspanhaube über dem Blatt befestigt werden.

2 Nun wird die Verriegelung gelöst und der Tisch um 180° geschwenkt. Die Kappsägeeinheit erscheint.

3 Ein Ziehknopf gibt die Säge frei. Die Einheit wird nach oben gezogen und in dieser Position wieder verriegelt.

4 Der Spaltkeil ist nun seitlich hochgeklappt. Beim Herunterziehen der Säge öffnet sich die Pendelhaube.

## Kappschnitte herstellen

1 Saubere Kappschnitte sind erforderlich, wenn man Fertigparkett-Elemente oder Paneele ablängen will. Gerade bei breiteren Teilen bringt die Kappsäge präzisere Schnitte als eine normale Tischkreissäge.

2 Fürs Trennen von Paneelen entfernt man die hölzernen Hilfsanschläge, um die Schnitttiefe zu vergrößern.

4 Um lange Werkstücke sicher führen zu können, empfiehlt sich die Montage einer Verlängerung.

3 So können selbst breitere Paneele auf Gehrung zugeschnitten und dann sauber verleimt werden.

5 Die Verlängerung hat einen verstellbaren Anschlag, um Paneele in gleichbleibender Länge zu trennen.

Beim Abrichten auf der Tischfläche der Hobelmaschine kann man das Werkstück auch am schräg gestellten Anschlag abschrägen.

## Der Abricht- und Dickenhobel

Bei dieser Maschine handelt es sich um ein kombiniertes Gerät, das zwei Funktionen in sich vereint. Auf der Abrichte, dem Auflagetisch mit der rotierenden Messerwalze in der Mitte, wird die Oberfläche von Brettern und Kanthölzern beim Darüberschieben glatt gehobelt.
Führt man das Werkstück dagegen unter dem Abrichttisch durch die Dickenhobeleinrichtung, wird das Holz an der Gegenseite geglättet und gleichzeitig auf die

Unter der Tischplatte der Hobelmaschine sieht man den Durchlass der Dickenhobeleinrichtung.

vorher eingestellte Dicke heruntergehobelt. Gegebenenfalls muss man das Dickenhobeln mehrfach wiederholen, da die maximale Spantiefe begrenzt ist.

## Die Tischfräse

Wenn es darum geht, größere Falze, Nuten und Profile herzustellen, sind die Möglichkeiten der handgeführten oder stationär montierten Oberfräse schnell erschöpft. Dann kommt die Tischfräse zum Einsatz. Ihre Spindel schaut senkrecht aus dem Maschinentisch heraus. Sie kann aber oft auch gekippt werden. Werkstücke mit geraden Kanten werden am Längsanschlag geführt. Für geschweifte Teile braucht man einen Anlaufring. Als Schutz vor den rotierenden Messern hat die Tischfräse eine Schutzhaube über dem Werkzeug.

Mit der Tischfräse kann man auch dickere Bretter profilieren. Die Abtragsleistung der Fräser übertrifft die Oberfräse um ein Vielfaches.

## Die Bandsäge

Die für Kurvenschnitte hervorragend geeignet Stichsäge versagt bei dickeren Werkstücken ihren Dienst. Das Blatt verläuft, und die Sägekante ist dann nicht mehr rechtwinklig. Für solche Einsätze ist die Bandsäge ideal. Ihr relativ schmales Endlosband sorgt für ausgezeichnete Kurvengängigkeit, die auch sehr kleine Sägeradien zulässt.
Bei Längsschnitten überzeugt die Bandsäge durch die relativ große Schnitthöhe sowie die Möglichkeit, den Tisch für Schrägschnitte zu kippen. Sie bringt dabei aber längst nicht die von Tischkreissägen gewohnte Präzision.

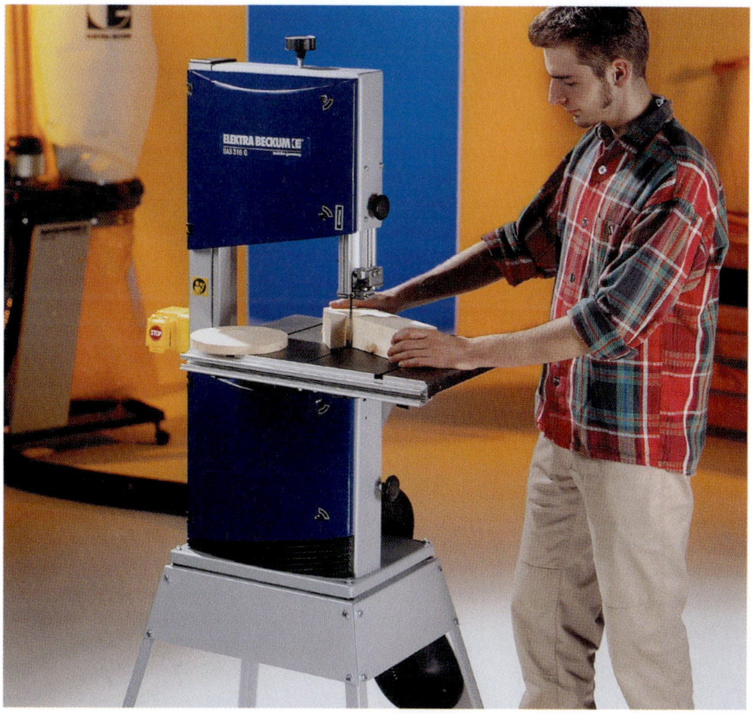

Kurvenschnitte mit kleinsten Radien und das in relativ dicken Werkstücken – für die stationäre Bandsäge kein Problem.

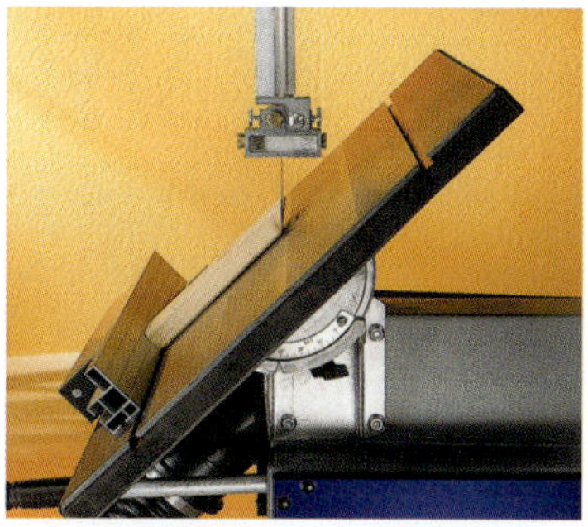

**Der Arbeitstisch der Bandsäge lässt sich für Schrägschnitte bei Bedarf bis 45° seitlich abkippen.**

## Die Drechselbank

Wer einmal auf den „Dreh" gekommen ist, bleibt meist ein begeisterter Drechsler. Teller, Schalen, Tisch- oder Stuhlbeine und Treppenpfosten – die Möglichkeiten des Drechselns sind schier unerschöpflich.
Für kleine Arbeiten kann man sich mit einem Vorsatzgerät für die Bohrmaschine begnügen. Sobald es jedoch um größere Teile geht, ist eine stabile Holzdrehmaschine unverzichtbar.
Beim hier gezeigten Modell können Teile bis 100 mm Länge zwischen den Spitzen eingespannt werden. Vier Drehgeschwindigkeiten sind möglich.

Eine Treppe mit selbst gedrechselten Geländerstäben kann man bauen, wenn man eine solche Holzdrehmaschine (Drechselbank) besitzt.

# Werkzeuge zur Holzbearbeitung

## Die Oberfräse

# Die Oberfräse – das Kreativ-Werkzeug

## An Vielseitigkeit kaum zu übertreffen

Elektrowerkzeuge wie Handkreissäge, Stichsäge, Schwingschleifer oder die Bohrmaschine sind für den Heimwerker unverzichtbar, wenn er sich im Möbelbau versuchen will. Als vielseitigstes und kreativstes Elektrowerkzeug gilt unter Fachleuten die Oberfräse. Dieses Gerät ermöglicht es dem Do-it-yourselfer, anspruchsvolle Möbelstücke auf sehr kreative Weise zu bauen. Seine Funktionen und Anwendungsmöglichkeiten sollen im Folgenden detailliert beschrieben werden.
Mit einer Oberfräse können Sie Kanten fälzen und profilieren, Nuten herstellen, bohren und nach vorbereiteten Schablonen fräsen, um nur die wichtigsten Einsatzgebiete zu nennen. Das Spannfutter, in dem der Fräser, das eigentliche Werkzeug, sitzt,

**Elektronische Vorwahl der Drehzahl je nach Material und Werkzeug bringt optimale Fräsergebnisse.**

**Eine moderne Oberfräse, bei der Maschinenteil und Fräskorb eine untrennbare Einheit bilden. Zur Grundausstattung gehören neben dem Parallelanschlag ein Absaugadapter und eine Kopierhülse zum Schablonenfräsen.**

wird bei der Oberfräse direkt über die Motorspindel in eine Drehbewegung von bis zu 27.000 Touren versetzt. Bei anderen Elektrowerkzeugen muss die hohe Drehzahl des verwendeten Universalmotors durch Getriebe und elektronische Bauteile deutlich reduziert werden. Bei der Oberfräse dagegen ist diese enorme Tourenzahl unbedingt erwünscht. Sie garantiert in den meisten Fällen das beste Fräsergebnis. Die Profis sagen: „Eine Oberfräse muss singen, wenn sie sauber fräsen soll.“ Damit ist gemeint, dass die Drehzahl unter Belastung nicht deutlich absinken darf.
Hochwertige Geräte sind mit einer so genannten Constant-Electronic ausgestattet, die bei Belastung des Motors einen spontanen Kraftnachschub ermöglicht. Maschinen mit Constant-Electronic liefern so eine gleichbleibende Schnittqualität und sind für lange Schnitte und große Eintauchtiefen besonders geeignet.

Drehzahl/No load/Tr. à vide
24 000
22 000
18 000
16 000
14 000
12 000
Pos. 1 2 3 4 5 6

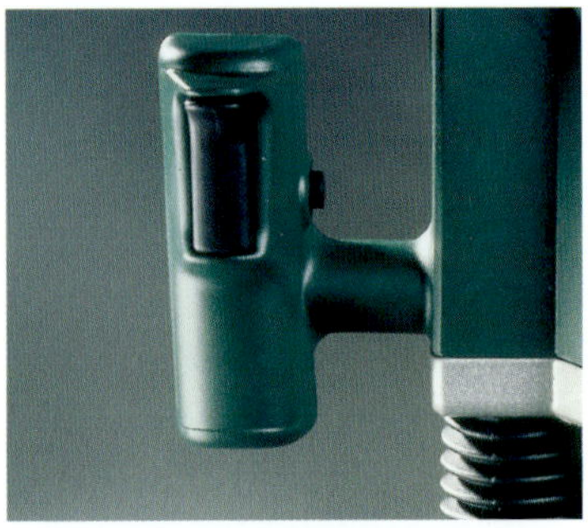

Ein- und Ausschalter sowie Dauerlaufarretierung sind hier ergonomisch im Handgriff untergebracht.

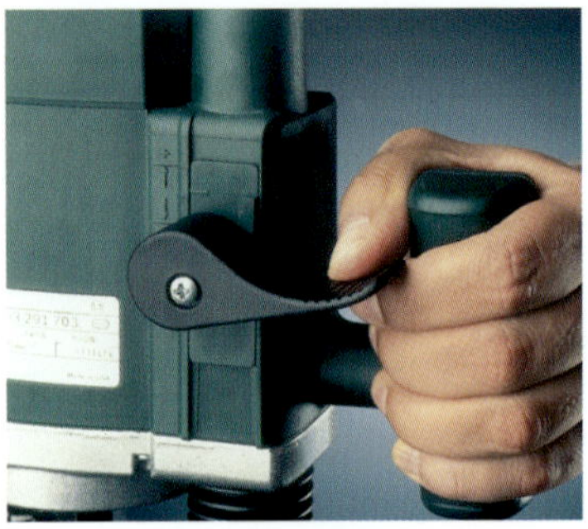

Ein Spannhebel mit Rückholfeder erlaubt bequemes Absenken und Eintauchen des Fräswerkzeugs.

Eine Spindelarretierung wie bei diesem Gerät erlaubt den schnellen und einfachen Fräserwechsel.

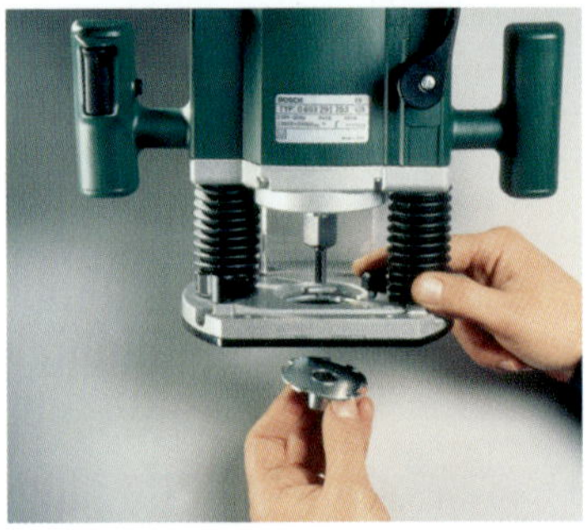

Kopierhülsen für das Schablonenfräsen werden hier durch einen praktischen Bajonettverschluss fixiert.

## Material- und werkzeuggerechte Drehzahlvorwahl

Obwohl eine Oberfräse in den meisten Fällen umso sauberer arbeitet, je höher der Motor dreht, ist oft doch eine individuelle Vorwahl der jeweils optimalen Drehzahl sinnvoll. Auch das ist mit der Constant-Electronic möglich. Je größer der äußere Durchmesser eines Fräswerkzeugs ist, desto höher ist die tatsächliche Schnittgeschwindigkeit an den Schneiden. Daher wählt man für kleine Fräserdurchmesser eine höhere Drehzahl als für Fräser mit großem Durchmesser.

## Aufbau der Maschine

Eine Oberfräse gliedert sich in Motorteil und Fräskorb. Die Frästiefe bestimmt man durch Absenken des Motorteils in den damit verbundenen Fräskorb. Bei einigen Geräten, wie dem auf Seite 67 gezeigten, bilden beide Teile eine untrennbar miteinander verbundene Einheit. Bei anderen (siehe rechts) kann der Motorteil gelöst und zum stationären Arbeiten in einen Bohr- und Fräsständer eingebaut werden. Einen solchen (lösbaren) Motor können Sie auch als Geradschleifer verwenden. Teilweise lassen sich Oberfräsen sogar unter für den Stationärbetrieb von Handkreissägen vorgesehene Sägetische montieren. Damit erhält man eine Tischfräse mit den gleichen Grundfunktionen, wie sie ein stationäres Profigerät aufweist.
Eine Grundregel des Fräsens sagt: Bei großen Werkstücken wird nach Möglichkeit die Oberfräse ans Werkstück herangeführt, bei kleineren Teilen führt man besser umgekehrt das Werkstück an die stationär montierte Oberfräse heran.
Zur Führung an der Werkstückkante ist die Oberfräse mit einem Parallelanschlag versehen, der zur Grundaustattung gehört.

Wichtig für hochwertige Fräsergebnisse: Die Frästiefe sollte sich bis auf 1/10 mm durch eine Feineinstellung justieren lassen.

Bei dieser Oberfräse können Motorteil und Fräskorb getrennt werden. Das Gerät lässt sich dann stationär in einen Bohr- und Fräsständer montieren.

Der Bohr- und Fräsständer macht aus der Oberfräse ein Stationärgerät. Man braucht für diese Kombination eine Maschine, die sich vom Fräskorb lösen lässt und eine genormte Halsweite aufweist.

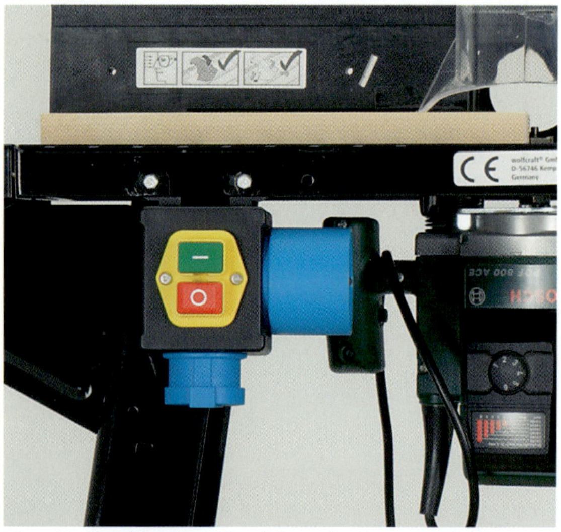

Hier die Kombination Oberfräse mit einem speziellen Frästisch. Die Oberfräse wird so zum Stationärgerät.

Die Stationärmontage erlaubt Fräsarbeiten, die sonst nur mit einer großen Tischfräse möglich sind.

Ein Kurvenanschlag erlaubt auch das Bearbeiten geschweifter Kanten. Mit der Kreisführung können Sie kreisförmige Nuten und Profilierungen herstellen.
Ohne Führungsanschlag wird die Oberfräse eingesetzt, um mit freihändiger Führung reliefartige Verzierungen in Holzoberflächen herzustellen. Teilweise übernimmt auch das Fräswerkzeug selbst die Führung an der Werkstückkante. Unterhalb der Schneide befindet sich in diesem Fall ein sogenannter Anlaufzapfen oder ein kugelgelagerter Anlaufring, der gegen die Plattenkante stößt und so das seitliche Eintauchen des Fräsers ins Werkstück begrenzt.

## Ergonomie

Eine gute Oberfräse sollte ergonomisch geformte Handgriffe aufweisen, die auch Linkshändern problemloses Arbeiten erlauben. Ein- und Ausschalter müssen vom Handgriff aus betätigt werden können. Wichtig für befriedigende Fräsergebnisse ist eine präzise Tiefeneinstellung. Hochwertige Geräte besitzen eine Vorrichtung, mit der die Frästiefe zunächst grob voreingestellt wird. Nach einer Probefräsung kann man die Einstellung dann durch eine Feinjustierung nach Bedarf korrigieren. Grundsätzlich sollte bei Arbeiten mit der Oberfräse stets die Einstellung von Anschlag und Frästiefe an einem Probestück überprüft werden, ehe man das Originalwerkstück bearbeitet.

## Staubabsaugung

Abgesehen davon, dass das Einatmen feiner Holzpartikel gesundheitsschädlich sein kann, hat Staubabsaugung direkt an der Maschine auch praktische Vorteile: Man hat freie Sicht auf das Werkstück und der Arbeitsplatz bleibt sauber. Gute Oberfräsen besitzen daher einen Adapter zum Anschluss eines Staubsaugers.

Losgelöst vom Fräskorb wird der Maschinenteil der Oberfräse zum praktischen Geradschleifer.

Durch den Anbau des Kantenfräsvorsatzes an den Motor der Oberfräse entsteht eine Kantenfräse.

Ein Absaugadapter erlaubt es, die Oberfräse mittels flexiblem Schlauch an einen Haushaltsstaubsauger oder einen Allzwecksauger anzuschließen. Vorteile: Freie Sicht auf das Werkstück und der Arbeitsplatz bleibt sauber.

# Praktisches Zubehör für die Oberfräse

## Am wichtigsten ist der Parallelanschlag

Zur Grundausstattung jeder Oberfräse gehört ein Parallelanschlag. Er besteht aus zwei Führungsstangen, die in entsprechende Führungen der Grundplatte des Geräts eingeschoben werden. An den Führungsstangen ist der eigentliche Parallelanschlag befestigt. Wenn man die Führungsstangen an der Grundplatte und dem Anschlagteil durch die Halteschrauben fixiert, ergibt sich ein fester Abstand zwischen Fräswerkzeug und Führungskante des Anschlags. Man kann dann in einem definierten Abstand zur Kante eines Werkstücks Nuten, Hohlkehlen etc. einfräsen. Durch Verstellen des Parallelanschlags können so in mehreren Arbeitsgängen beliebig breite Nuten hergestellt werden. Hilfreich ist eine Einstell-Skala am Anschlag.

**Extra lange Führungsstangen erlauben das Fräsen in einem größerem Abstand zur Werkstückkante.**

**Der Parallelanschlag ist das wichtigste Zubehör für die Oberfräse.**

## Lange Führungsstangen für große Kantenabstände

Als Sonderzubehör gibt es extra lange Führungsstangen, mit deren Hilfe man auch in größeren Abständen zur Werkstückkante in Platten fräsen kann. Je größer die Distanz zwischen Maschine und Anschlag ist, desto größer ist allerdings auch die Gefahr, dass der Anschlag sich verschiebt und dadurch der Fräser nicht mehr parallel zur Kante geführt wird. Um ein Kippen des Anschlags zu verhindern, kann man eine selbst gebaute Anschlagverlängerung montieren. Dazu schraubt man einfach eine gerade Hartholzleiste an die Vorderseite der Anschlagkante. In der Kante sind für diesen Zweck bereits Bohrungen vorhanden. Je länger man die Anschlagverlängerung wählt, desto besser die Führung. Die Verlängerung erleichtert auch das parallele Ansetzen der Fräse.

BOSCH
POF 600 ACE
600 W · 12-27000/min · electronic
SCINTILLA SA
BOSCH

Die Sägeschiene wird mit einem Adapter zur Führung für die Oberfräse.

## Fräsen mit Hilfe einer Führungsschiene

Die meisten Elektrowerkzeughersteller bieten Führungsschienen an, mit denen man Handkreissägen exakt über ein Werkstück schieben kann. Mittels eines entsprechenden Adapters kann auch der Parallelanschlag der Oberfräse auf die Führungsschiene gesetzt werden. So lässt sich die Oberfräse parallel zur aufgespannten Schiene bewegen.

**Adapter und Gleitschuh erlauben es, die Oberfräse mit der Führungsschiene zu kombinieren.**

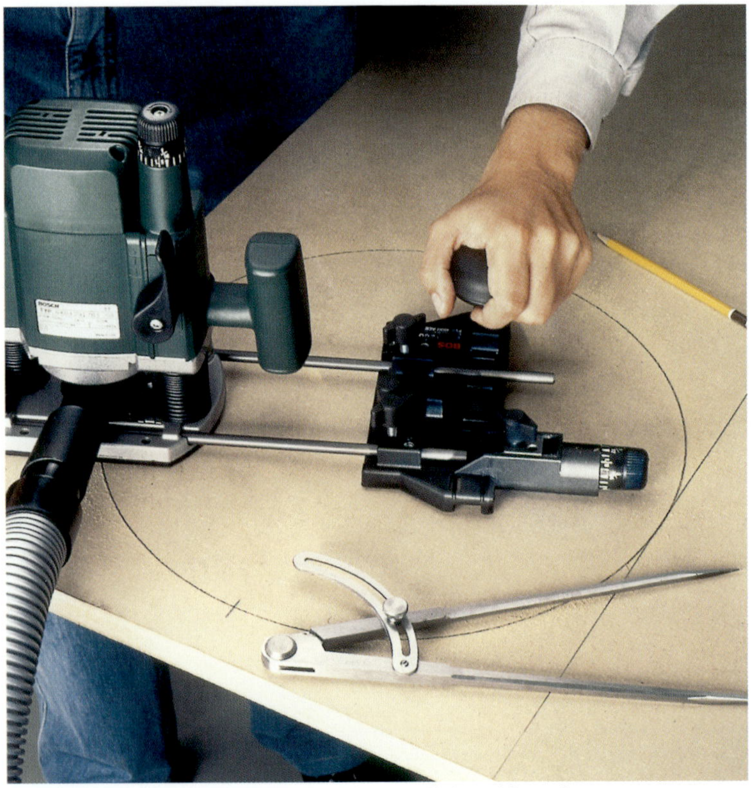

Der Fräszirkel stellt eine Ergänzung des Parallelanschlags dar.

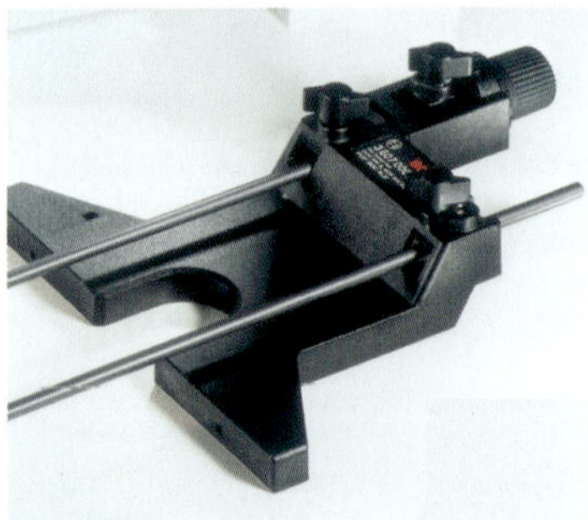

**Der Fräszirkel wird wie der Parallelanschlag auf die beiden Führungsstangen der Oberfräse geschoben.**

## Führung am Fräszirkel

Sollen kreisförmige Fräsungen in der Fläche eines Werkstücks vorgenommen werden, braucht man einen Fräszirkel. Bei manchen Geräten kann man den Parallelanschlag zu diesem Zweck einfach umdrehen und einen nach unten weisenden Zentrierstift einsetzen. Mit den Führungsstangen des Parallelanschlags wird dann der Radius festgelegt. Bei anderen Oberfräsen wird der Parallelanschlag einfach gegen einen Fräszirkel getauscht. Eine Feineinstellung am Fräszirkel erlaubt es, den Radius millimetergenau zu justieren.

## Stationärer Einsatz mit dem Bohr- und Fräsständer

Wie bereits angesprochen, ist der Einsatz der Oberfräse in der Regel umso leichter, je größer das Werkstück ist. Es bietet dann gute Auflageflächen bzw. lange Kanten zur Führung. Wie aber soll man sehr kleine Werkstücke bearbeiten? Hier hilft nur ein stationäres Montieren der Maschine, um dann das Werkstück an die Oberfräse heranzuführen.
Oberfräsen mit abnehmbarem Motorteil und Spannhals können zu diesem Zweck in einen Bohrständer oder besser einen speziellen Bohr- und Fräsständer mit entsprechenden Führungsanschlägen eingespannt werden.

Der Kantenfräsvorsatz für Maschinen mit lösbarem Motorteil.

Der Bohr- und Fräsständer macht die Oberfräse mit wenigen Handgriffen zum Stationärgerät.

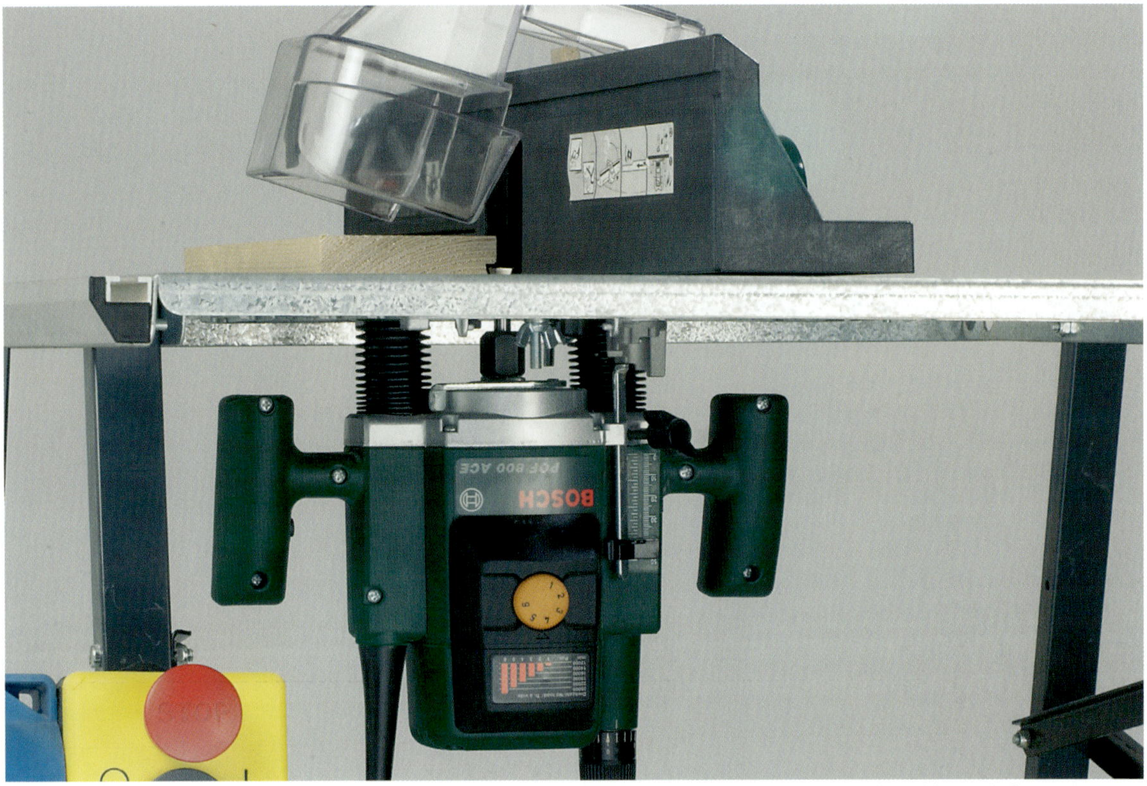

Ein großer Säge- und Frästisch mit breitem Anschlag und langer Auflagefläche erlaubt komfortables Arbeiten.

Die am Anschlag des Tisches befestigte Spanschutzhaube wird beim Arbeiten heruntergeklappt.

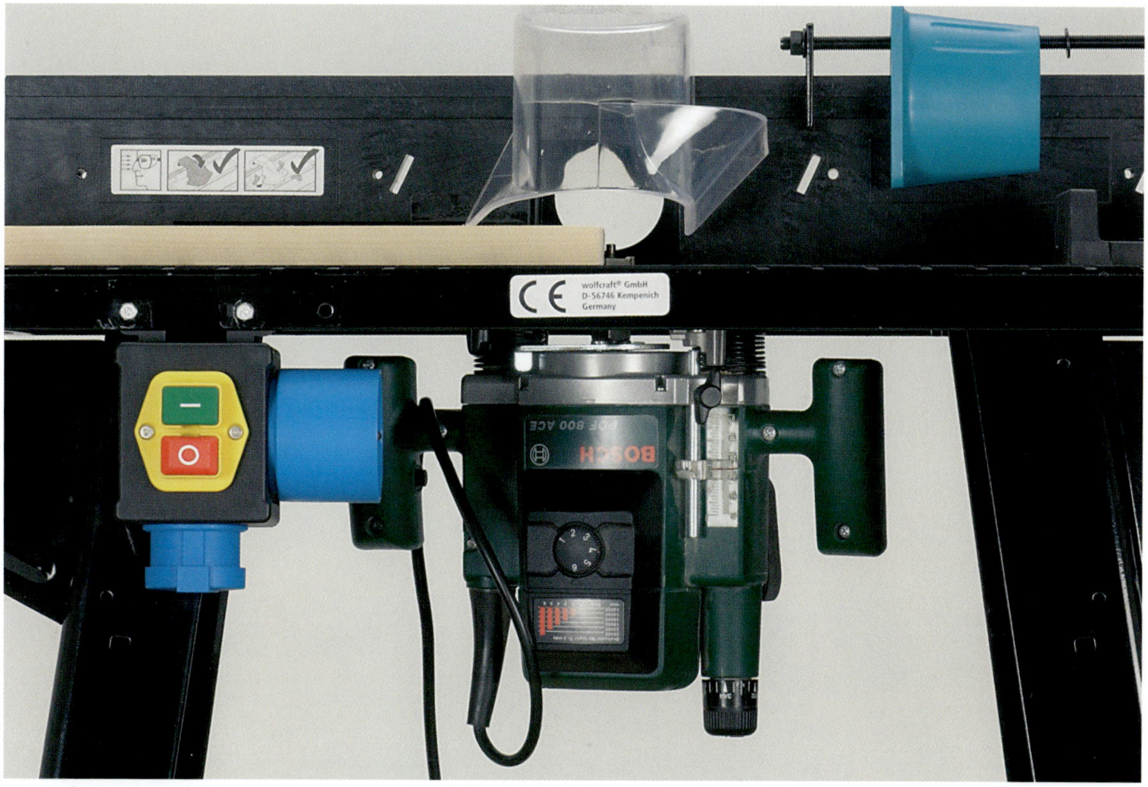

Kompakter Frästisch, der mit den meisten Oberfräsen kombiniert werden kann.

## Mit einem Frästisch wird die Oberfräse zur Tischfräse

Bei der Montage im Bohr- und Fräsständer weist der eingespannte Fräser nach unten. Dies kann bei bestimmten Anwendungen ein Nachteil sein. Zudem schränkt die Säule des Ständers die Möglichkeiten der Anschlagverstellung ein. Vielfältigere Einsatzmöglichkeiten bietet die stationäre Montage der Oberfräse unter einer Tischplatte. Es gibt Sägetische für Handkreissägen, die alternativ auch mit einer Oberfräse bestückt werden können. Der Fräser schaut dann nach oben aus einer Öffnung der Tischplatte heraus. Man hat eine große Auflagefläche und kann den Längsanschlag individuell fixieren.
Zum Teil noch besser auf die Anwendungen beim Fräsen sind spezielle kompakte Frästische abgestimmt, unter die man praktisch alle gängigen Oberfräsen schrauben kann.

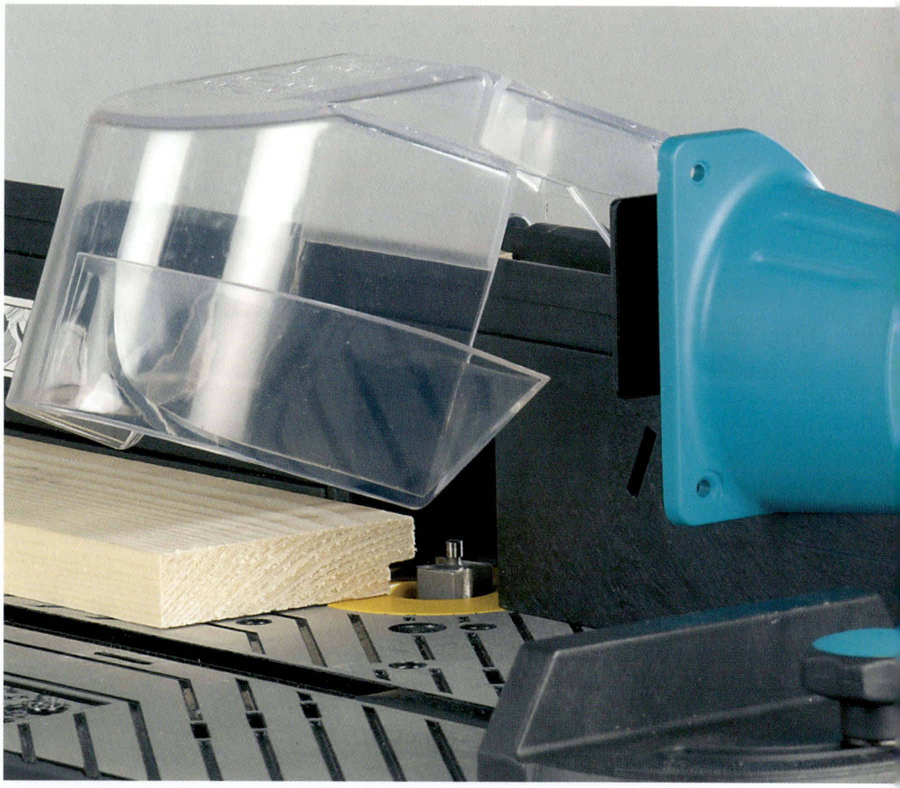

Nuten, Falzen, Schlitzen – am Frästisch gelingen diese Arbeiten optimal.

Die Zinkenfräseinrichtung ist eine nützliche Ergänzung zu jeder Oberfräse.

Mithilfe der Schablonen lassen sich Schwalbenschwanz- und Fingerzinken herstellen.

## Zinken fräsen mit den passenden Schablonen

Sobald Fingerzinken oder Schwalbenschwanzverbindungen in großer Zahl hergestellt werden müssen – beispielsweise an den Schubladen einer Kommode – lohnt sich die Anschaffung einer Zinkenfräseinrichtung, die als Schablone für die mit einem speziellen Zinkenfräser bestückte Oberfräse dient. In einem Gang können mithilfe dieses Geräts beide zu verbindenden Teile bearbeitet werden.
Mit der Oberfräse und den jeweils passenden Schablonen stellt man in Serie entweder Fingerzinken oder Zinken und Schwalben für halbverdeckte Schwalbenschwanzverbindungen her. Bei den Fingerzinken werden beide zu verbindenden Kanten gleich bearbeitet. Die Zinken sind nur gegeneinander versetzt. Bei der halbverdeckten Schwalbenschwanzverbindung hat das eine Teil Schwalben mit abgerundeten Kanten, die in entsprechende Aussparungen des Gegenstücks greifen.
Bei der auf der linken Seite gezeigten Zinkenfräseinrichtung gehört zur Grundausstattung die Schablone zum Herstellen der Schwalbenschwanzverbindung. Zusätzlich gibt es eine Kombischablone, mit deren Hilfe Fingerzinken gefräst und Dübellöcher gebohrt werden können.

## Staub absaugen

Auch wenn bei manchen Arbeiten mit der Oberfräse der Staubabsaugschlauch hinderlich ist, sollte man die Absaugung nach Möglichkeit benutzen.
Der Adapter ist so an der Oberfräse montiert, dass die Späne unmittelbar nach dem Abheben entfernt werden und man so ständig freien Blick auf das Werkstück hat. Man kann einen Allzwecksauger, aber auch jeden Haushaltssauger anschließen.

**Solche Verbindungen lassen sich mit der Zinkenfräseinrichtung absolut präzise in Serie herstellen.**

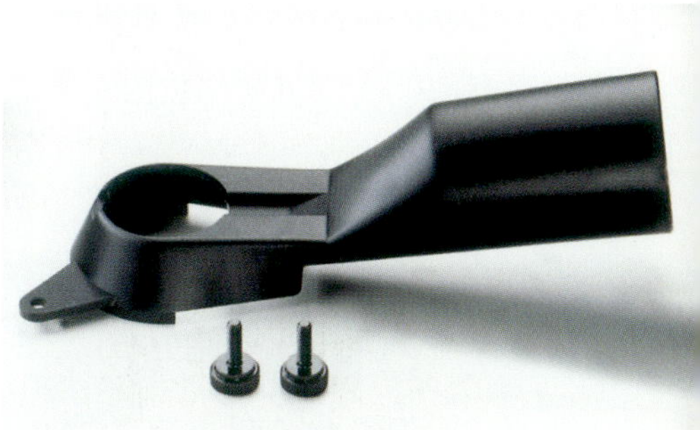

**Adapter zum Anschließen eines Staubsaugers. Er gehört meist zur Standardausstattung.**

**Die Kombischablone des Zinkenfrägerätes erlaubt auch das präzise Fräsen von Dübellöchern.**

# Der richtige Fräser für jeden Einsatz

## Verschiedene Fräsertypen

Die vielseitigen Einsatzmöglichkeiten der Oberfräse beruhen in erster Linie auf dem Angebot unterschiedlichster Fräser. Man unterscheidet die Fräswerkzeuge nach den verschiedenen Profilen, die sie ins Holz schneiden.
Es gibt beispielsweise Fräser mit senkrecht angeordneten Schneiden, die Nuten und Falze herstellen können. Daneben gibt es Werkzeuge mit gerundeten Schneiden wie Hohlkehlfräser und Viertelstabfräser, aber auch solche mit schrägen Schneiden und Kombinationen verschiedener Schneidenstellungen.

## Fräser mit Bohrfunktion

Teilweise sind die Fräser allein zum Bearbeiten von Kanten geeignet. Sie haben nur seitliche Schneiden und können nicht senkrecht ins Holz eintauchen, weil sie an ihrer Unterseite keine Schneide für eine Bohrfunktion aufweisen. Stattdessen sind solche Fräser häufig mit Anlaufzapfen oder auch kugelgelagerten Anlaufringen versehen, die zur Führung des Werkzeugs an der Werkzeugkante dienen.
Fräser mit schneidender Unterseite können Nuten mit verschiedenen Profilen in die Fläche von Werkstücken fräsen. Man kann sie senkrecht ins Holz eintauchen lassen und nach Erreichen der vorgesehenen Frästiefe seitlich vorschieben.

**Hochwertige Hartmetallschneiden zeigen eine extrem feine und gleichmäßige Körnigkeit des Stahls.**

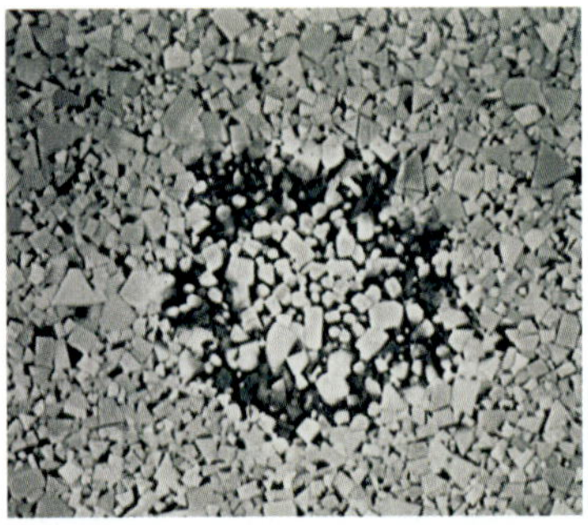

**Hier ein Produkt mit ungleichmäßiger Körnung und unsauberer Struktur. Das Material ist bruchgefährdet.**

**So sieht der Materialbruch bei einer schlechten Hartmetallschneide unter dem Mikroskop aus.**

## Hochleistungsschnellstahl oder Hartmetall

Beim Material, aus dem Fräser gefertigt sind, unterscheidet man zwischen der preiswerteren HSS-Ausführung (HSS = Hochleistungsschnellstahl) und den etwa doppelt so teuren HM-Fräsern (HM = hartmetallbestückt).
Fräser mit Hartmetallschneiden weisen eine bis zu 25-mal höhere Standzeit auf als HSS-Fräser.
Fräser aus dem preisgünstigeren Hochleistungsschnellstahl werden aus einem Stück gefertigt. Sie eignen sich für weichere Materialien. Bei der Bearbeitung von langfaserigen Hölzern und Plastikwerkstoffen liefern HSS-Fräser die besten Ergebnisse.
Fräser mit angelöteten Hartmetallschneiden oder aus Hartmetall-Vollkörper sind speziell für harte Materialien geeignet. Sie können zum Nut- und Profilschneiden in Massivhölzern sowie zur Bearbeitung von Spanplatten und anderen Holzwerkstoffen sowie von Aluminium und Kunststoffen eingesetzt werden.
Ob sich die Anschaffung der teuren HM-Fräser lohnt, hängt von der Häufigkeit ihrer Verwendung ab. Sind teure Fräser einmal stumpf geworden, kann man sie in einer Schärferei nachbearbeiten lassen.
Bei der Herstellung von Hartmetallfräsern gibt es Qualitätsunterschiede. Die Fotos in der Mitte zeigen unterschiedliche Metallstrukturen.

Falzfräser aus Hochleistungsschnellstahl werden aus einem Stück gefertigt. Hier ein Falzfräser mit Zapfen

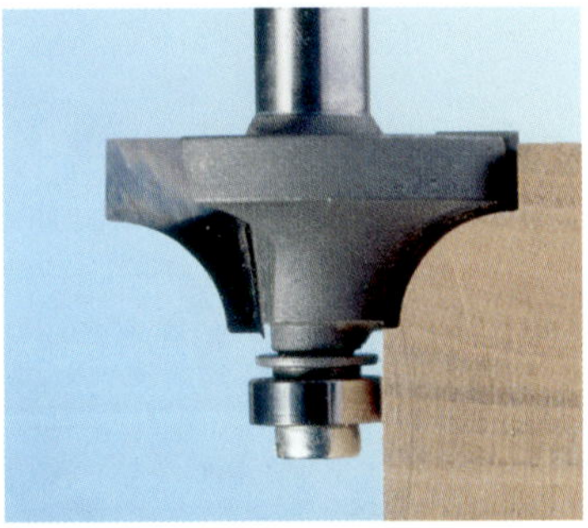

Hartmetallfräser haben angelötete Schneiden aus Hartmetall oder bestehen aus Hartmetall-Vollkörper.

## Vibrationsarmer Lauf und optimale Schneidenform

Qualitätsfräser bestehen nicht nur aus hochwertigem Material, sie weisen auch eine optimierte Schneidengeometrie auf. Die Abbildungen rechts zeigen eine Schneide in der Großaufnahme. Die Grafik macht das Zusammenwirken der verschiedenen Kriterien deutlich: Der Spanwinkel $\gamma$ beeinflusst den Spanauswurf, der Keilwinkel $\beta$ des Fräserzahns die Standzeit und der Freiwinkel $\alpha$ die Schnittqualität. Der Schnittwinkel ergibt sich aus $\beta$ und $\gamma$. Um Hartmetallschneiden zu schärfen, werden spezielle Diamantschleifscheiben verwendet. Der beste Fräser arbeitet aber nur dann optimal, wenn er keine Unwucht aufweist. Gießverfahren bei der Herstellung sorgen dafür, dass ein Fräswerkzeug auch bei extrem hohen Umdrehungszahlen vibrationsarm läuft. Das bedeutet sauberen Schnitt.

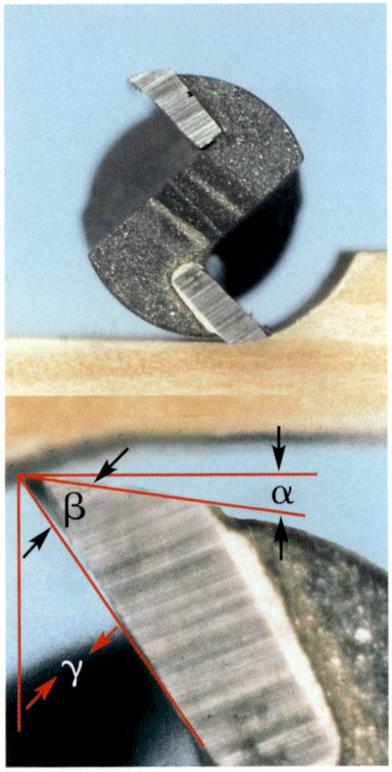


Kriterien der Schneidengeometrie: $\gamma$ = Spanwinkel; $\beta$ = Keilwinkel des Fräserzahns; $\alpha$ = Freiwinkel. Der Schnittwinkel ergibt sich aus $\beta$ und $\gamma$.

Damit übliche Werkstücke in einem Arbeitsgang bearbeitet werden können, müssen die Schneiden entsprechend lang sein. Dies ist vor allem dann wichtig, wenn man in Kombination mit Kopierhülsen, Oberfrästischen etc. arbeitet.

Nur wenn alle wichtigen Qualitätskriterien erfüllt werden, bringt ein Fräser optimale Ergebnisse: saubere Schneidleistung bei überdurchschnittlicher Standzeit. Wer häufig mit der Oberfräse arbeitet, wird sehr schnell die Unterschiede zwischen verschiedenen Fräserqualitäten erkennen. Die Investition in Qualitätsprodukte zahlt sich immer aus.

## Mehr Nutzen durch längere Werkzeugschäfte

Gute Fräser zeichnen sich durch ausreichend lange Aufnahmeschäfte aus. Die Fixierung in der Spannzange wird dadurch sicherer und die Arbeitslänge der Fräser lässt sich voll ausnutzen. Dies ist vor allem wichtig bei der Kombination mit Schablonen, Kopierhülsen, Oberfrästischen und Zinkenfräseinrichtungen.

Aus Sicherheitsgründen sollte der Aufnahmeschaft eines Fräsers immer zu mindestens 2/3 seiner Länge in der Spannzange stecken. Die Mindesteinspannlänge (Le) sollte also 2/3 der Werkzeugeinspannlänge (Lg) betragen (siehe Grafik links).

Für Fräser mit einem Schaftdurchmesser ≤ 10 mm werden mindestens 20 mm Einspannlänge und für einen Schaftdurchmesser von 12 mm mindestens 25 mm empfohlen. Unterschreiten Sie diese Werte auf keinen Fall.

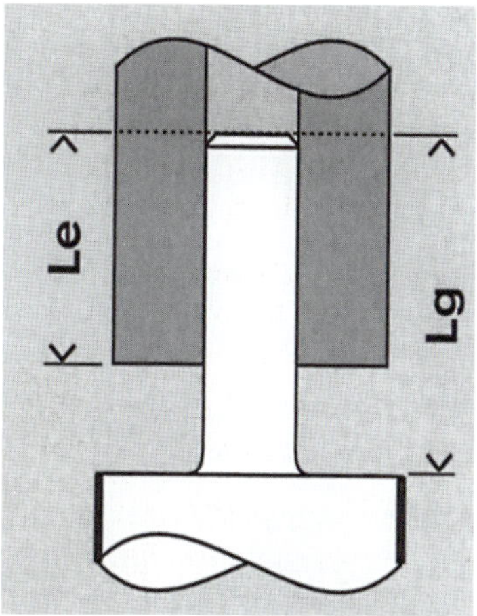


**Fräser sollten mit mindestens 2/3 der zur Verfügung stehenden Schaftlänge Lg eingespannt werden.**

## Ein- oder mehrschneidige Fräser kaufen?

Damit auch bei Fräsern mit sehr kleinem Durchmesser ein guter Spanauswurf erzielt wird, hat man in diesem Bereich Werkzeuge mit nur einer Schneide entwickelt.

Bei mittleren und großen Fräserdurchmessern sind aber zwei Schneiden die Regel. Teilweise werden auch Fräser mit drei Schneiden angeboten. Sie ermöglichen bei relativ kleinen Schnittkräften sehr saubere Oberflächen (siehe Grafik unten).

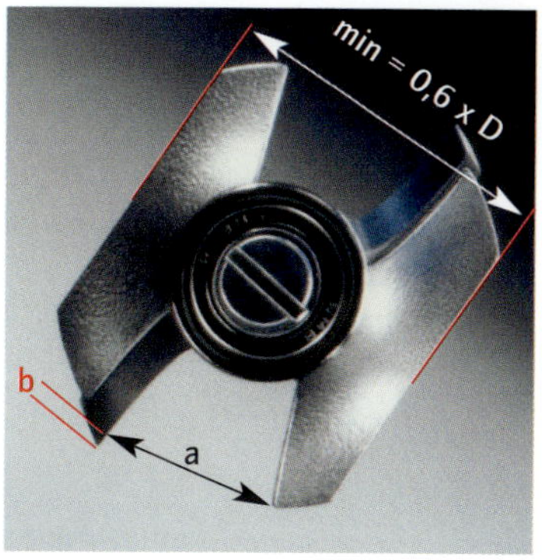


**Ein Fräser, der nach den Sicherheitsvorschriften der Berufsgenossenschaft gefertigt wurde**

## Die Sicherheitsvorschriften der Berufsgenossenschaft

Die deutsche Holz-Berufsgenossenschaft hat für den professionellen Bereich der Holzbearbeitung Vorschriften formuliert, was Sicherheitskriterien von Fräsern angeht. Als verantwortungsbewusster Heimwerker sollte man nur solche Fräser kaufen, die diesen Anforderungen genügen.

Zu den Anforderungen der Berufsgenossenschaft gehören: Begrenzung der Spanlückenweite a (abhängig vom Werkzeugdurchmesser), Begrenzung der Spandicke b (max. 1,1 mm) und „weit gehend kreisrunde Form" ($D_{min}$ = 0,6 x $D_{max}$) für sicheres, rückschlagfreies Arbeiten (siehe Bild oben).

**Bei guten Fräsern reicht die Arbeitslänge, um Hölzer von 19 mm Dicke in einem Fräsgang zu bearbeiten.**

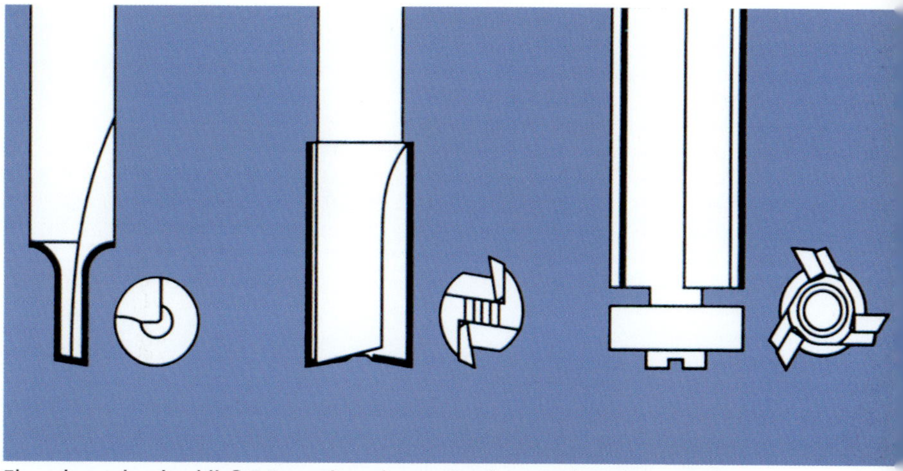

**Ein- oder mehrschneidig? Fräser mit geringem Durchmesser brauchen nur eine Schneide. Größere Werkzeuge sollten zwei oder sogar drei Schneiden haben.**

## Richtwerte für Schnittgeschwindigkeit mit Fräsern

| Werkstoff | HSS $ms^{-1}$ | HM $ms^{-1}$ |
|---|---|---|
| Weichhölzer | 50–80 | 60–90 |
| Harthölzer | 40–60 | 50–80 |
| Spanplatten | – | 60–80 |
| Tischlerplatten | – | 60–80 |
| Hartfaserplatten | – | 40–60 |
| Kunststoffbeschichtete Platten | – | 40–60 |

Nur bei materialgerechter Schnittgeschwindigkeit erzielt man optimale Fräsergebnisse.

## Die optimale Schnittgeschwindigkeit wählen

Um saubere Fräsergebnisse zu erzielen, muss die Schnittgeschwindigkeit an den Fräserschneiden genau auf das Material und den verwendeten Fräser abgestimmt werden (siehe Tabelle oben).
Nur bei richtiger Schnittgeschwindigkeit verhindert man ein Verbrennen der Materialoberfläche und erreicht eine Schnittgüte im bestmöglichen Bereich.

Dies erkennt man an sauberer Zerspanung des Materials ohne Staubbildung.
Gleichzeitig muss man auch die richtige Vorschubgeschwindigkeit wählen. Sie ist abhängig vom abzutragenden Spanvolumen, der Materialart, der Faserrichtung und der Schneidenschärfe. Häufig wird der Fehler gemacht, zuviel Material in einem Arbeitsgang abtragen zu wollen. Die Schnittgeschwindigkeit fällt dann ab, und das Fräsergebnis ist mangelhaft.

Zum Reinigen von verharzten Fräsern nimmt man Petroleum. Wichtig: keine Kugellager eintauchen!

Fräser sollten so aufbewahrt werden, dass sich die Schneiden nicht gegenseitig berühren.

## Hochwertige Fräser verlangen sorgfältige Pflege

Fräser sollten gut gepflegt und in einem Ständer sorgfältig aufbewahrt werden. Bei richtiger Schnitt- und Vorschubgeschwindigkeit behalten sie lange ihre Schärfe. HSS-Fräser lassen sich mit einem Ölstein wie Stemm- oder Hobeleisen selbst nachschärfen. Hartmetallfräser kann man bei speziellen Fachbetrieben nachschärfen lassen.
Verschmutzte Fräser reinigt man in Petroleum. Fräser mit Kugellager aber niemals eintauchen, weil das Lagerfett aufgelöst würde.

## Die wichtigsten Fräsertypen in der Übersicht

Rechts sehen Sie einige der wichtigsten Fräsertypen abgebildet. Die Nutfräser werden am häufigsten verwendet. Mit 4–20 mm Durchmesser sind sie für unterschiedlich breite und tiefe Nuten, für Zapflöcher und auch zum Vorfräsen geeignet.
Der Grat- und Zinkenfräser wird zur Herstellung der schwalbenschwanzförmigen Gratnutverbindung eingesetzt.
V-Nut- und Schriftenfräser stellen eine V-förmige Nut her, die für Schriften und Verzierungen gebraucht wird.
Hohlkehlfräser werden mit Anlaufzapfen (Bild) zur Kantenbearbeitung eingesetzt. Ohne Zapfen können sie halbrunde Rinnen in die Fläche fräsen.
Falzfräser gibt es ebenfalls mit Zapfen oder auch mit kugelgelagertem Anlaufring (Bild) zur reinen Kantenbearbeitung.
Fasefräser mit Anlaufring werden benutzt, um Werkstückkanten anzuschrägen (Anfasen).
Viertelstabfräser runden Kanten ab. Sie werden mit Zapfen oder Kugellager angeboten. Profilfräser gibt es in verschiedenen Formen. Man kann damit beispielsweise Leisten für Bilderrahmen fräsen.

**Fräsertypen**

Nutfräser

Falzfräser

Grat- und Zinkenfräser

Fasefräser

V-Nut-/Schriftenfräser

Viertelstabfräser

Hohlkehlfräser

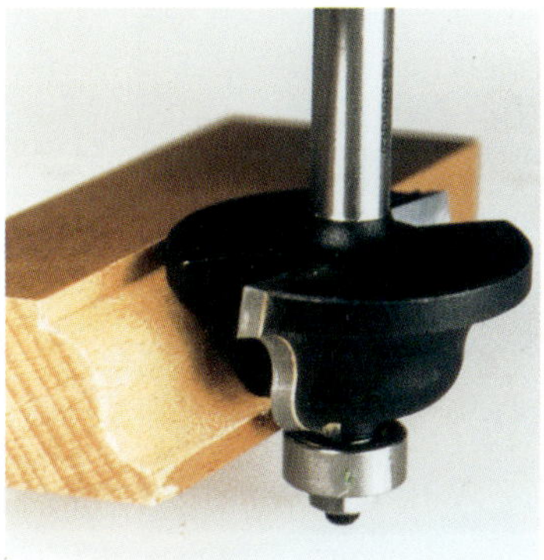

Profilfräser

Führungsnuten an Schubladen werden mit einem Nutfräser hergestellt.

## Nutfräser einschneidig

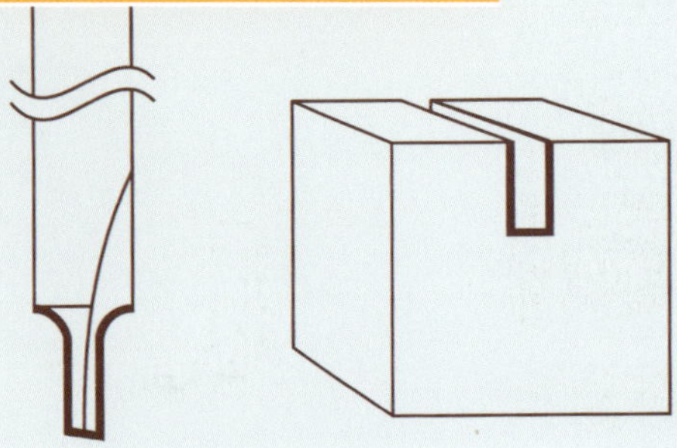

Geeignet zum Fräsen kleiner Nuten für Sperrholzfederverbindungen, von Ziernuten und von Nuten für Dichtungsprofile

## Nutfräser zweischneidig

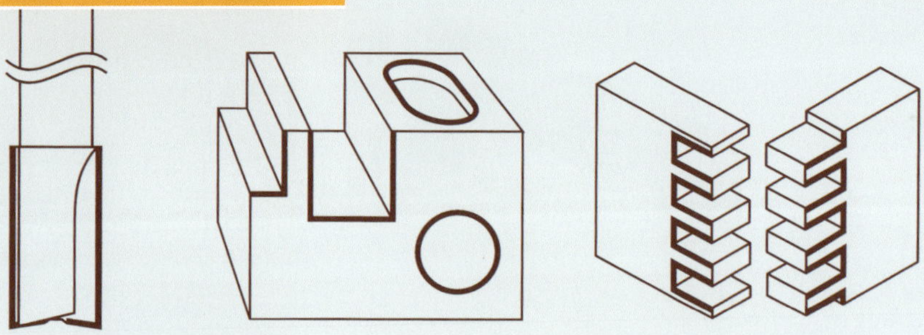

Zum Nuten und Falzen; zum Bearbeiten von Werkstücken mit Schablone und Kopierhülse, zum Fräsen von Fingerzinken usw.

Typische Anwendung von Falzfräsern an Möbeltüren

## Falzfräser mit Kugellager

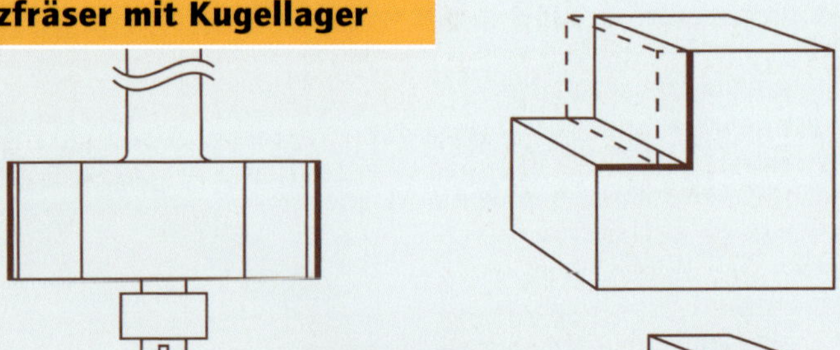

Zum Herstellen von Falzverbindungen im Möbelbau, Innenausbau usw.

So bearbeitet ein Falzfräser eine Zimmertür.

## Falzfräser mit Anlaufzapfen

Der Bündigfräser beim Einsatz an einer beschichteten Platte

## Bündigfräser groß

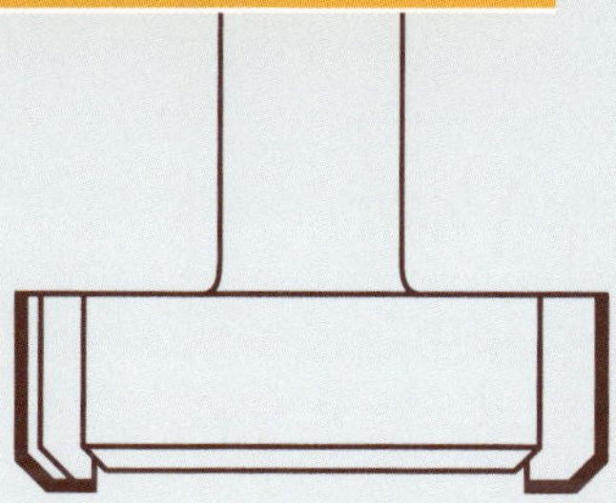

Geeignet zum Bündigfräsen von überstehenden Kunststoffbeschichtungen, Furnier oder Massivholzkanten

## Bündigfräser klein

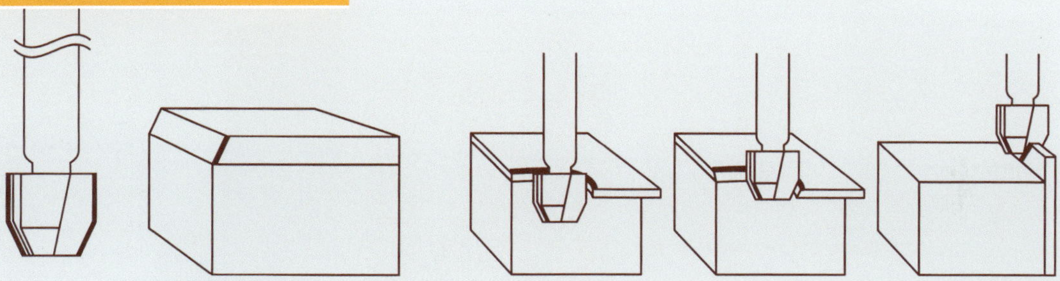

Mit dem Fasefräser bearbeitete Schubladenfront

## V-Nutfräser zweischneidig

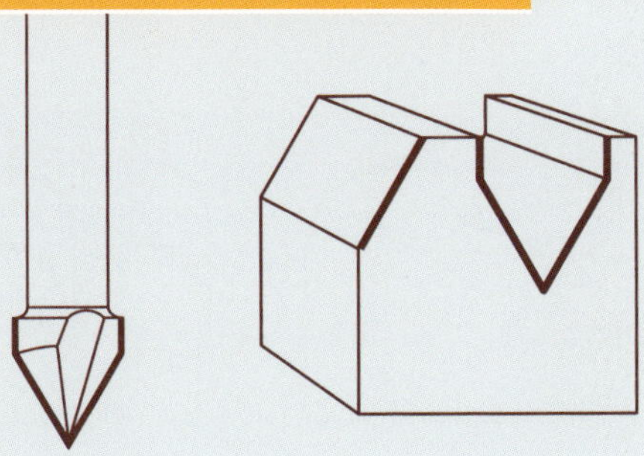

Geeignet zur Imitation von Kerbschnitzereien, zum Eingravieren von Schriftzügen, zum Fräsen von Ziernuten, zum Anfasen von Kanten usw.

## Schriftenfräser einschneidig

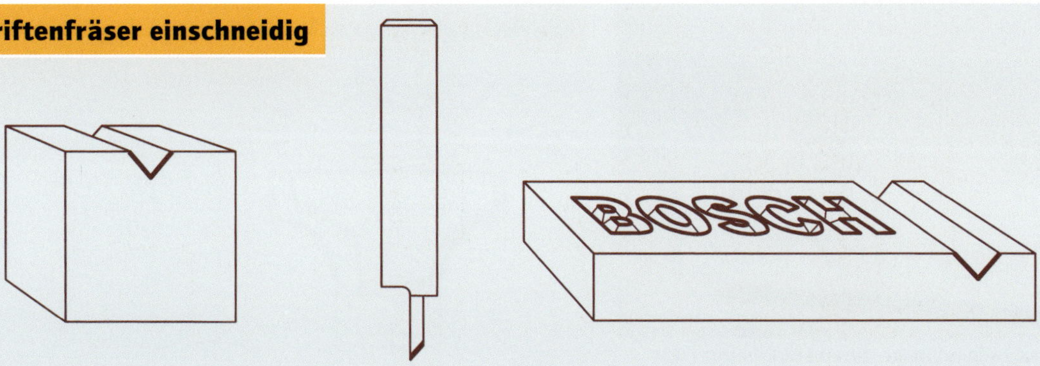

## Grat- und Zinkenfräser zweischneidig

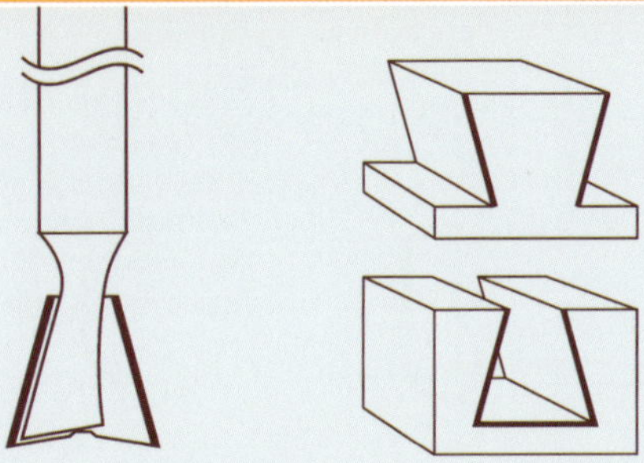

Geeignet zum Fräsen kleiner Nuten für Sperrholzfederverbindungen, von Ziernuten und von Nuten für Dichtungsprofile

Passgenaue Schwalbenschwanzzinken werden mit dem Grat- und Zinkenfräser und der Zinkenfräseinrichtung hergestellt

## Viertelstabfräser mit Anlaufzapfen

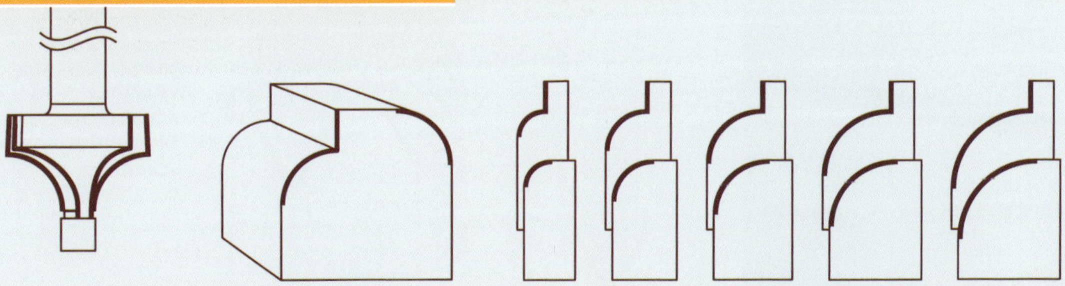

Perfekte Rundungen an einer Möbeltür fräst der Abrund- und Viertelstabfräser.

## Viertelstabfräser mit Anlaufkugellager

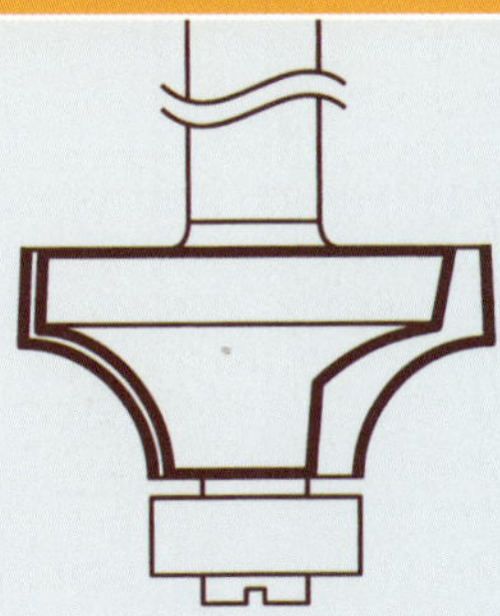

Zum Herstellen von Falzverbindungen im Möbelbau, Innenausbau usw.

## Hohlkehlfräser zweischneidig

Zur dekorativen Oberflächenprofilierung im Möbel- und Innenausbau

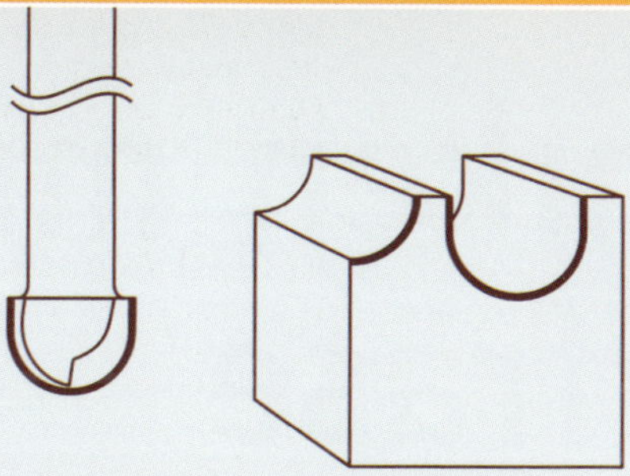

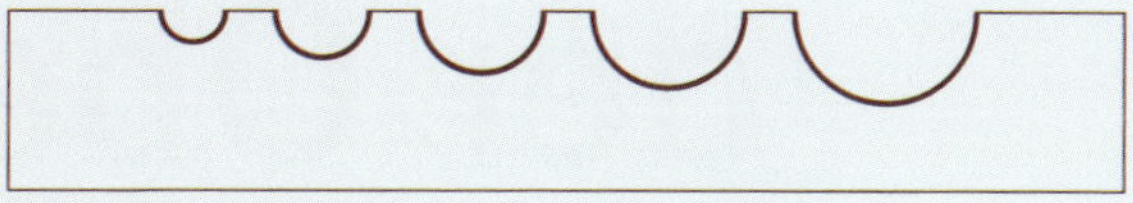

Der Hohlkehlfräser stellt dekorative Ziernuten her oder fräst beispielsweise eine umlaufende Saftrille in eine Kunststoffplatte.

## Profilfräser zweischneidig mit Anlaufzapfen

Zur dekorativen Profilierung von Massivholzkanten im Möbel- und Innenausbau. Je nach Einstellung von Fräshöhe und Frästiefe sind unterschiedliche Profilvarianten erzielbar.

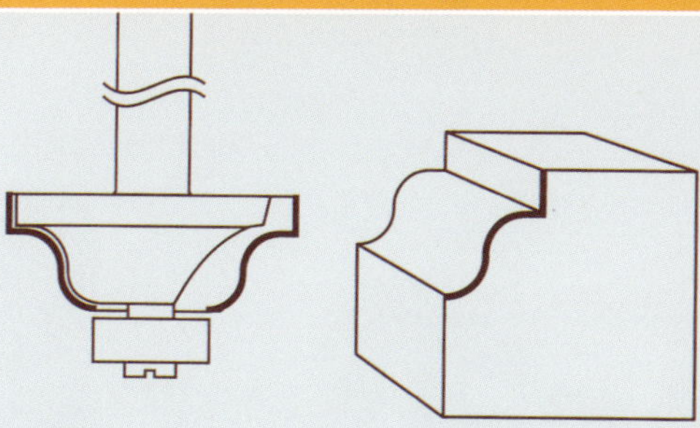

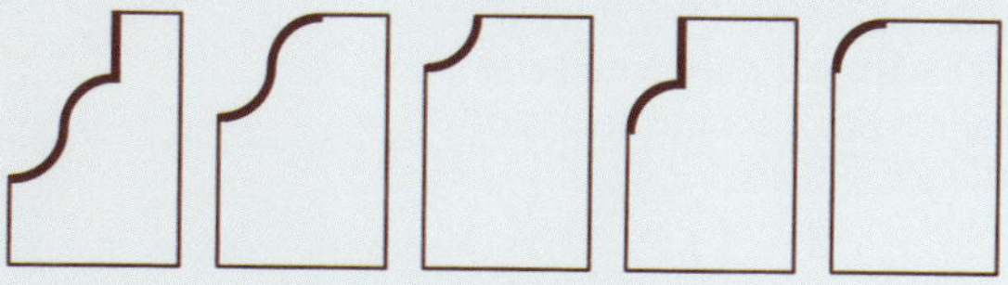

Profilfräser sind universell zur Bearbeitung von Kanten und Rahmenleisten beispielsweise für Bilder oder Spiegel verwendbar.

# Arbeitstechniken mit der Oberfräse

## Einsetzen der Fräswerkzeuge in die Spannzange

Oberfräsen für den Heimwerker sind in den meisten Fällen mit 6- oder 8-mm-Spannzangen ausgestattet. Verwenden Sie ausschließlich Fräser mit dem korrekten Schaftdurchmesser. Gewaltsames Einspannen nicht passender Fräserschäfte beschädigt unter Umständen die hochwertige Werkzeugaufnahme.
Um auch Fräser mit verschiedenen Schaftdurchmessern benutzen zu können, lassen sich die Spannzangen bei Qualitätsfräsen allerdings problemlos austauschen.
Vor jedem Werkzeugwechsel müssen Sie aus Gründen der Sicherheit den Stecker aus der Steckdose ziehen. Unbeabsichtigtes Einschalten der Maschine kann ansonsten zu gefährlichen Verletzungen führen.
Um die Spannzange zu lösen, wird die Motorspindel arretiert und die Überwurfmutter der Zange mit einem Maulschlüssel gelöst. Je nach Gerätetyp erfolgt das Arretieren der Motorspindel auf unterschiedliche Weise. Teilweise benötigt man einen zweiten Maulschlüssel, teilweise werden Arretierstifte eingesteckt. Hochwertige Oberfräsen sind auch mit Arretierhebeln ausgestattet, die man anzieht, um beim Werkzeugwechsel die Motorspindel zu blockieren. In diesem Fall ist neben dem Maulschlüssel für die Spannmutter kein weiteres Werkzeug erforderlich.

Damit Sie den neuen Fräser bequem einstecken können, sollten Sie die Maschine bis zum Anschlag im Fräskorb herunterfahren. Wichtig: Der Fräserschaft muss mindestens 20 mm weit eingeschoben werden, damit die Spannzange der Oberfräse ihn auch sicher hält. Sie dürfen diesen Mindestwert keinesfalls unterschreiten, weil Sie beispielsweise mit dem Werkzeug eine größere Frästiefe erzielen wollen.
Ist der Fräser ausreichend weit eingeschoben, wird die Motorspindel wieder arretiert und die Spannmutter festgezogen. Befindet sich kein Fräser in der Spannzange, darf man die Mutter auf keinen Fall festziehen, weil dadurch die Werkzeugaufnahme beschädigt werden könnte. Soll ein Fräser mit anderem Schaftdurchmesser verwendet werden, dreht man die Überwurfmutter so weit nach links, bis sich die gesamte Spannzange lösen und austauschen lässt.

**Prüfen Sie vor dem Einsetzen eines neuen Fräsers stets, ob er den richtigen Schaftdurchmesser aufweist. Bei Bedarf tauschen Sie die Spannzange der Oberfräse gegen eine mit anderem Durchmesser aus.**

BOSCH
POF 800 ACE
800 W · 12-24000 min⁻¹ · max. 50 m

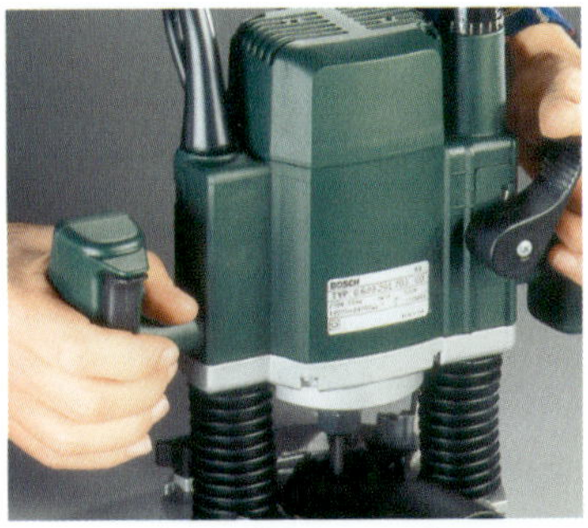

Beim Justieren fährt man den Fräser zuerst so weit herunter, dass er auf dem Werkstück aufliegt.

Den Tiefenanschlag absenken und dann entsprechend der vorgesehenen Frästiefe wieder anheben.

## Die Frästiefe vor jedem Einsatz der Oberfräse justieren

Bevor Sie Ihre Oberfräse einsetzen, muss jedes Mal die gewünschte Frästiefe genau eingestellt werden. Es gibt verschiedene Vorrichtungen, um die Frästiefe vorzuwählen, nachzujustieren oder nach Programm abzustufen. Grundsätzlich wird das Fräsergebnis umso besser, je weniger Material der Fräser in einem Arbeitsgang abzutragen hat. Auch die Schneiden des Werkzeuges werden durch abgestuftes Arbeiten geschont. Man fräst daher je nach Materialabtrag in mehreren Gängen, wobei der letzte Gang die geringste Spanabnahme bringen sollte.

Zum Einstellen der Frästiefe löst man die Arretierung des Fräskorbs und fährt den Motorteil so weit herunter, bis der Fräser das Werkstück berührt. Hat das Gerät einen Stufenanschlag, stellen Sie hier die tiefste Stufe ein. Nun wird der eigentliche Tiefenanschlag heruntergefahren, bis er aufliegt. Je nach Gerätetyp gibt es Skalen oder Einstellvorrichtungen, mit deren Hilfe man den Tiefenanschlag anschließend wieder um genau das Maß anhebt, das der gewünschten Frästiefe entspricht.

Ist entsprechend den Angaben oben vorjustiert, lässt sich der Motorteil der Oberfräse beim Eintauchen des Fräsers ins Werkstück so weit absenken, bis der Tiefenanschlag wiederum aufliegt und damit die gewählte Frästiefe erreicht ist. Da es beim Fräsen meist auf absolute Präzision ankommt, besitzen einige Geräte eine Feinjustierung, mit der man nach einer ersten Probefräsung die Einstellung bis auf 0,1 mm Genauigkeit korrigieren kann.

Bei Verwendung des Stufenanschlags dreht man diesen nach der beschriebenen Grundeinstellung um eine oder mehrere Stufen zurück. Der Tiefenanschlag

Nach dem Probefräsen kann mithilfe der Feineinstellung bis auf 0,1 mm nachjustiert werden.

erreicht dann im ersten Fräsgang nur die oberste Stufe. Entsprechend wenig Material wird abgetragen. Stufe für Stufe vergrößert sich die Frästiefe, bis auf der untersten Stufe die endgültige Tiefe erreicht ist. Bei der links abgebildeten Oberfräse sind so bis zu acht abgestufte Arbeitsgänge möglich.

## Die Oberfräse führen

Um Verzierungen oder Schriften in Holzoberflächen zu fräsen, kann man die Maschine frei über das Werkstück führen. Sie liegt dann mit der Grundplatte auf, und das Werkzeug wird entweder bis zur vorher eingestellten Tiefe abgesenkt oder frei mit wechselnder Frästiefe geführt. Letzteres erfordert allerdings einige Übung. So lassen sich reliefartige Strukturen herausarbeiten.
Um geometrische Muster zu erzeugen, kann die Oberfräse auch am Kreisanschlag, an Schablonen oder frei aufgespannten Längsanschlägen geführt werden.
Zur Bearbeitung von geraden Werkstückkanten braucht man einen Parallelanschlag oder man benutzt einen Fräser mit Anlaufring. Der Anlaufring erlaubt auch die Bearbeitung geschweifter Kanten.

## Arbeiten mit der stationär montierten Oberfräse

Am leichtesten lassen sich Geräte fest einbauen, bei denen der Motorteil vom Fräskorb gelöst werden kann. Mit einem sogenannten Eurohals von 43 mm Durchmesser passen Sie in jeden Bohr- oder Fräsständer.
Unter viele Sägetische, die aus einer Handkreissäge eine Tischkreissäge machen, lassen sich auch Oberfräsen montieren. In dieser Konstellation sind praktisch alle Arbeiten möglich, die sonst nur mit stationären Tischfräsen erledigt werden können. Der Anwendungsbereich der Oberfräse erweitert sich also enorm.

Der häufigste Einsatz der Oberfräse ist das Fräsen in der Fläche mithilfe des seitlichen Parallelanschlags.

Fräser mit Anlaufzapfen oder kugelgelagertem Anlaufring erlauben das Fräsen an der Kante ohne Führung.

Zum Fräsen in der Fläche kann man einen Hilfsanschlag aufspannen und die Grundplatte daran führen.

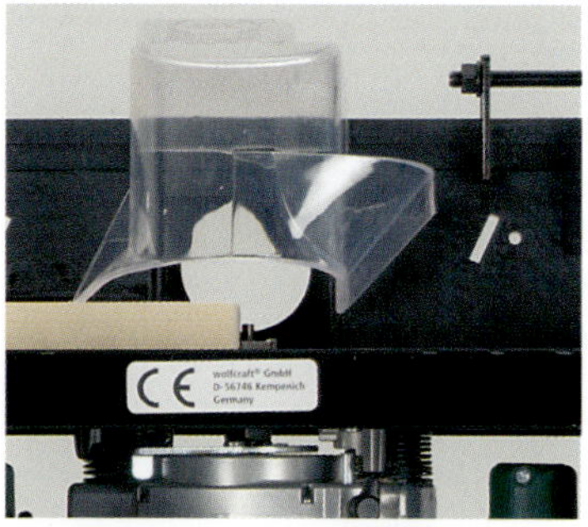


Montiert unter einen speziellen Frästisch, wird die Oberfräse zum vollwertigen Stationärgerät.

Die Kombination mit einem Fräsständer erweitert die Einsatzmöglichkeiten.

## Gerade Kanten und parallel zu geraden Kanten fräsen

Der Parallelanschlag erlaubt das Bearbeiten der Kante oder das Fräsen parallel zur Kante in der Fläche des Werkstücks.

Die Bearbeitung von Werkstückkanten stellt das häufigste Einsatzgebiet der Oberfräse dar. Meist findet hierbei der zur Grundausstattung gehörende Parallelanschlag Verwendung. Wie weit der Fräser seitlich ins Werkstück eintauchen soll, wird am besten durch Probefräsen an einem Reststück geprüft. Optimale Fräsergebnisse erzielt man bei jeweils materialgerechter Drehzahl und geringer Spanabnahme von 1–2 Millimetern. Deshalb bei höherem Materialabtrag stets in mehreren Fräsgängen arbeiten. Bei Beginn des Fräsvorgangs liegt der Parallelanschlag nur mit der Hälfte seiner Gesamtbreite am Werkstück an. Beim Eintauchen des Fräsers kann der Anschlag dann sehr leicht um einige Millimeter abkippen, und schon taucht der Fräser zu tief ein. Abhilfe schafft in diesem Fall eine selbst gefertigte Verlängerung des

Besitzt der eingesetzte Fräser einen Anlaufzapfen oder einen Anlaufring mit Kugellager, können Sie die Maschine ohne weitere Hilfsmittel an der Werkzeugkante entlangschieben. Die seitliche Frästiefe ist durch das Werkzeug vorgegeben.

Anschlags – beispielsweise aus einer gehobelten Hartholzleiste, die man mit dem Originalanschlag verschraubt.

## Fräser mit Anlaufzapfen oder Anlaufring

Absolute Präzision bei der Kantenbearbeitung garantieren insbesondere Fräser mit Anlaufzapfen oder kugelgelagertem Anlaufring. Bei ihrer Benutzung ist das seitliche Eintauchen des Fräsers automatisch begrenzt. Allerdings ist man damit auch an den maximal vorgegebenen Materialabtrag gebunden.
Sollen gerade Kanten an besonders kleinen Werkstücken oder an schmalen Leisten bearbeitet werden, lässt sich die Oberfräse kaum exakt führen, da Anschlag und Grundplatte keine ausreichende Auflage finden. In diesem Fall benutzt man die im Bohr- und Fräsständer bzw. unter einem Frästisch montierte stationäre Oberfräse.
Beachten Sie dabei die Schubrichtung. Gefräst wird immer gegen die Drehrichtung des Fräsers, damit sich das Werkzeug – ohne zu schlagen – Span für Span sauber ins Holz hineinschneidet. Beim Fräsständer, wo der Fräser nach unten weist, schiebt man das Werkstück von links nach rechts. Beim Frästisch, wo der Fräser nach oben gerichtet ist, ist die Schubrichtung dagegen von rechts nach links.

## Geschweifte Kanten fräsen

Sollen die Kanten geschweifter Werkstücke gefälzt, genutet oder profiliert werden, kann man den Parallelanschlag nicht verwenden. Zwar gibt es für die Parallelanschläge mancher Oberfräsen Führungsrollen, die unter der Grundplatte angebracht werden können und so beim Fräsen für gleich bleibenden Kantenabstand des Werkzeugs sorgen sollen – diese Art der Führung ist allerdings nicht sehr präzise, da man

Mithilfe eines Viertelstabfräsers mit Anlaufring kann man am Fräsständer beispielsweise die Kanten kleiner Werkstücke runden.

Hier wird der Viertelstabfräser mit Anlaufring benutzt, um bei einem großen Werkstück die Kanten zu bearbeiten.

**So fräst man eine halbkreisförmige Öffnung mithilfe der Kreisführung aus einer Platte heraus.**

**Beim freihändigen Relieffräsen in der Fläche kann man mit etwas Übung schöne Motive herstellen.**

stets nach Augenmaß versuchen muss, die Achse zwischen Führungsrolle und Fräser in Symmetrie zur geschweiften Kante zu bringen.
Ein wirklich gleich bleibendes Fräsbild garantiert allein die Verwendung von Fräsern mit Anlaufzapfen oder mit kugelgelagertem Anlaufring. Bei diesen Werkzeugen ist man jedoch an den durch die Maße des Fräsers vorgegebenen Kantenabstand fest gebunden. Allein die Tiefeneinstellung lässt sich variieren. Da Zapfen oder Anlaufring jede Unebenheit der Kante abtasten und beim Fräsen übertragen, muss man die Kante vor dem Fräsen sorgfältig glätten.

## Fräsen in der Fläche

Wie führt man die Oberfräse beim Arbeiten in der Fläche? Sollen die Nuten und Profilierungen parallel zur Außenkante des Werkstücks verlaufen, benutzt man den Parallelanschlag. Ist der Abstand zur Kante zu groß oder läuft die Fräsung nicht parallel, kann man eine Leiste oder ein Brett als Hilfsanschlag aufspannen und die Grundplatte der Oberfräse daran entlangführen.
Zur Herstellung kurvenförmiger Fräsungen in der Fläche dient eine Schablone aus Sperrholz, an deren Kante die mit Kopierhülse versehene Oberfräse einen Anschlag findet (siehe rechte Seite). Für alle kreisförmigen Fräsarbeiten steht die zum Zubehör gehörende Kreisführung zur Verfügung. Durch Verschieben der Führungsstangen lassen sich verschiedene Radien einstellen. Tauscht man die Standard-Führungsstangen gegen längere Stangen gleicher Stärke aus, so sind beliebig große Kreisfräsungen möglich. Mit Hilfe der Kreisführung lassen sich Ziernuten und Zierprofile herstellen.
Fräst man mit dem Nutfräser durch die volle Materialstärke, entsteht ein kreisförmiger Ausschnitt. So lassen sich entsprechende Öffnungen und Löcher herstellen. Mit der gleichen Technik werden auch große Holzscheiben sauberer ausgeschnitten, als dies beispielsweise mit der Stichsäge möglich ist.
Durch die Kombination von Kreisen und Kreissegmenten entstehen sehr dekorative Verzierungen. Zu guter Letzt kann man Schriftzüge und Reliefs ins Holz fräsen. Dazu wird die Oberfräse freihändig geführt – man braucht einige Übung, denn es muss ohne festen Tiefenanschlag gearbeitet werden.

**Aus einem Kreis und mehreren symmetrischen Kreissegmenten entsteht unter Einsatz des Fräszirkels ein dekoratives Blütenornament.**

## Fräsen nach Schablonen

Immer dann, wenn es darum geht, geschwungene Formen mehrmals und sehr sauber aus einer Platte herauszuschneiden, ist die an einer Schablone geführte Oberfräse jedem anderen Werkzeug weit überlegen. Das wichtigste Zubehör für diese Frästechnik stellt die Kopierhülse dar, die an der Grundplatte befestigt wird. Sie ragt über die Grundplatte hinaus. Die Kopierhülse dient dem Nutfräser als Führung, der in der Hülse steckt und aus ihr hervorsieht. Den Anschlag für die Kopierhülse bildet die aus Sperrholz angefertigte Schablone. Die Grafik rechts zeigt die Anordnung von Kopierhülse, Schablone und Fräser im Schnitt. Wie man sieht, folgt der durch die Kopierhülse geführte Fräser der Schablonenkante stets in einem vorgegebenen Abstand. Dieser Abstand, den man beim Bau der Schablone berücksichtigen muss, errechnet sich nach der Formel: Außendurchmesser der Kopierhülse minus Fräserdurchmesser durch zwei. Ist die Schablone vorbereitet, spannt man sie mit Schraubzwingen auf die zu bearbeitende Platte und fährt mit der Oberfräse an ihrer Kante entlang (siehe Bild unten). Wenn Schraubzwingen beim Fräsen stören, kann man unter Umständen auch doppelsei-

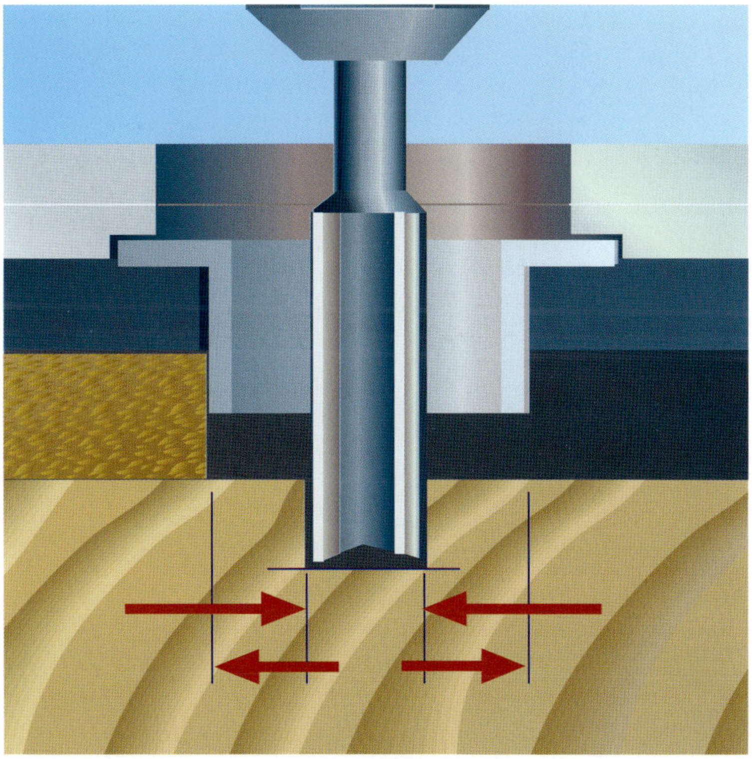

Kopierhülse, Schablone und Fräser im Schnitt. Der Fräser folgt der Schablonenkontur in einem vorgegebenen Abstand.

Die Arbeit mit selbst hergestellten Schablonen aus Sperrholz ist eine Technik mit vielfältigen Möglichkeiten: Hier sehen Sie das Ausfräsen der Griffmulde an einem Schubkasten. Die Schablone immer fest aufspannen.

Mit einer selbst gefertigten Sperrholzschablone erleichtern Sie sich das Ausfräsen der Vertiefungen zum Einlassen von Scharnieren.

Die kreisförmige Schablone macht es möglich, die Löcher für Topfbänder sauber auszufräsen. Man braucht dann keinen Forstnerbohrer.

tiges Klebeband benutzen, um die Schablone zu fixieren. Liegt sie auf der Rückseite des Werkstücks

**Schablonen fräsen von geschweiften Teilen: Kopierhülse und Nutfräser führen die Oberfräse an der Kante.**

auf, lässt sie sich zur Not auch mit feinen Schrauben anheften. Um dem Fräser die Arbeit zu erleichtern und das wertvolle Werkzeug zu schonen, empfiehlt es sich, größere Teile zunächst mit der Stichsäge grob vorzuschneiden, ehe man die Oberfräse einsetzt. Man sägt dabei einige Millimeter neben der vorgesehenen Fräskante im Abfallholz.

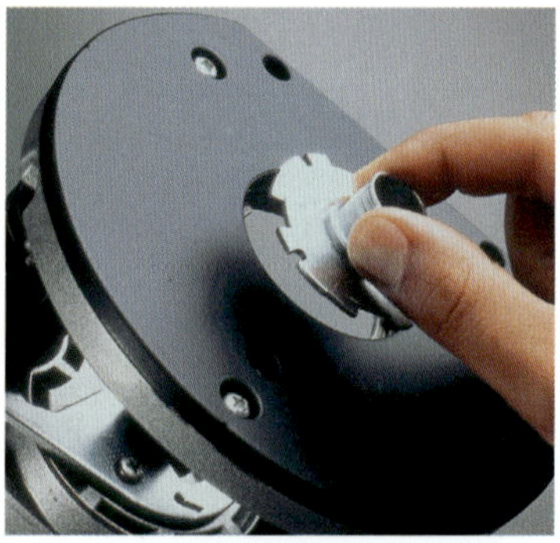

**Die zum Schablonenfräsen erforderliche Kopierhülse wird hier einfach in einen Bajonettverschluss gesteckt.**

Frässchablonen können auch bei Feinarbeiten des Möbelbaus hilfreich sein. So zum Beispiel, um Möbelscharniere oder Topfbeschläge sauber ins Holz einzulassen. Die Fotos links zeigen solche Anwendungen mit selbst gefertigten Schablonen.
Eine weitere Möglichkeit des Fräsens nach Schablonen ist mit-

hilfe des Bohr- und Fräsständers möglich. Man bohrt dazu mit der montierten Oberfräse ein 6-mm-Loch in die Grundplatte der Fräseinrichtung und steckt dort einen 6 mm dicken Metallstift (beispielsweise aus Alu) ein, der etwa 5 mm heraussteht. Dieser Kopierstift befindet sich dann genau unter dem Zentrum der Motorspindel. Als Schablone benötigt man bei dieser Technik eine Platte, in die man wiederum mit dem gleichen 6-mm-Nutfräser die Führungsnuten für den Kopierstift fräst. Dreht man diese Schablone nun um und steckt die Führungsnut auf den Kopierstift, kann man die Schablone auf dem Stift entlangschieben.
Das zu bearbeitende Werkstück muss zuletzt mit doppelseitigem Klebeband auf die Schablone geklebt werden. Senkt man dann die mit einem beliebigen Fräser bestückte Oberfräse ab, taucht sie ins Werkstück ein. Man verschiebt nun Werkstück und Schablone der Führungsnut folgend, bis die Nut auf der Schablonenunterseite auf der Werkstückoberseite kopiert worden ist. So können zum Beispiel in Serie Schubladenfronten verziert werden.

## Kunststoffe und Aluminium mit der Oberfräse bearbeiten

In erster Linie wird die Oberfräse zur Bearbeitung von Holz und Holzwerkstoffen eingesetzt. Bestückt mit hochwertigen Hartmetallfräsern kann die Oberfräse aber auch Kunststoffe und sogar Aluminium bearbeiten.
Wichtig ist es, für solche Einsätze die richtige Drehzahl zu wählen. Während beim Fräsen in Holz meist die höchste Drehzahl das beste Fräsergebnis garantiert, wählt man für Arbeiten in Aluminium-Profilen bis 3 mm Dicke oder wärmeempfindliche Kunststoffe wie Acryl Drehzahlen zwischen 5.000 und 10.000 $min^{-1}$. Man braucht also unbedingt eine Oberfräse mit elektronischer Drehzahlregulierung.

Aluminiumprofile bis etwa 3 mm Dicke können mit Hartmetallfräsern recht gut bearbeitet werden. Bei Bedarf das Metall mit Wasser kühlen.

Beim Fräsen von Acrylglas sorgt eine niedrige Drehzahl dafür, dass das relativ empfindliche Material nicht zu heiß wird und verschmort.

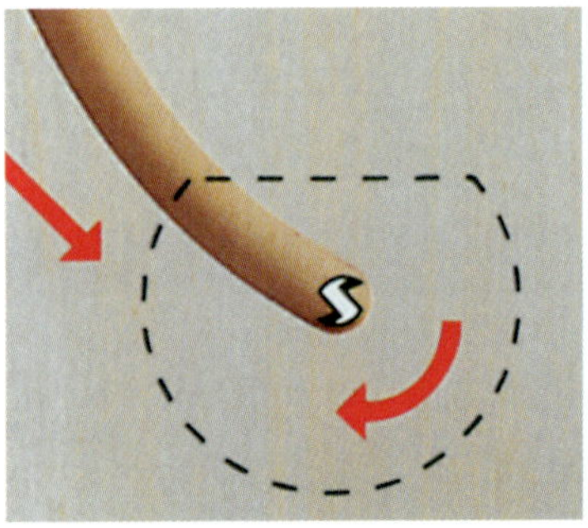

Ohne Anschlag verläuft die Oberfräse nach rechts, wenn der Anwender sie zu sich hin zieht.

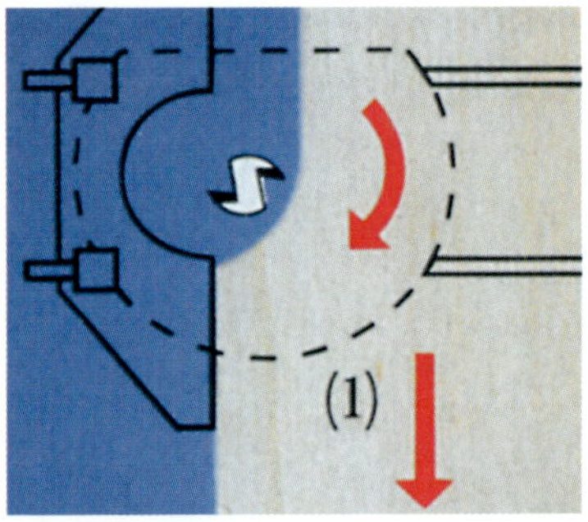


Wird der Fräser mit dem Parallelanschlag an der Werkstückkante geführt, schiebt man ihn so vor.

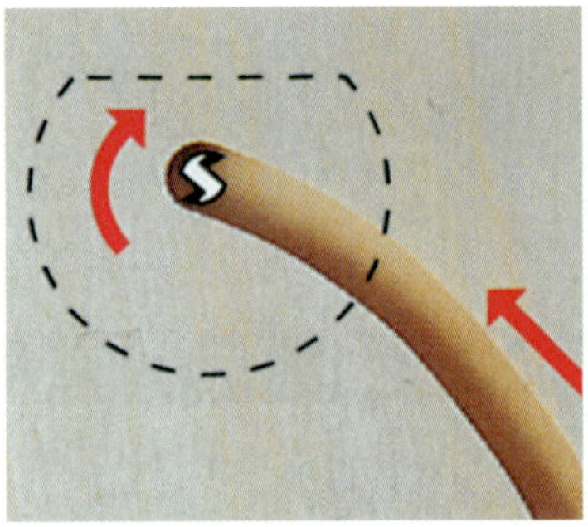

Ohne Anschlag verläuft die Oberfräse nach links, wenn der Anwender sie von sich wegschiebt.

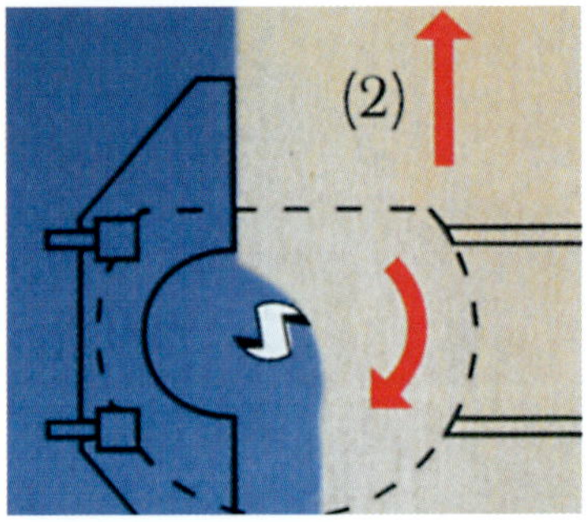


Bei falscher Vorschubrichtung wird der Fräser vom Werkstück weggedrückt und arbeitet unsauber.

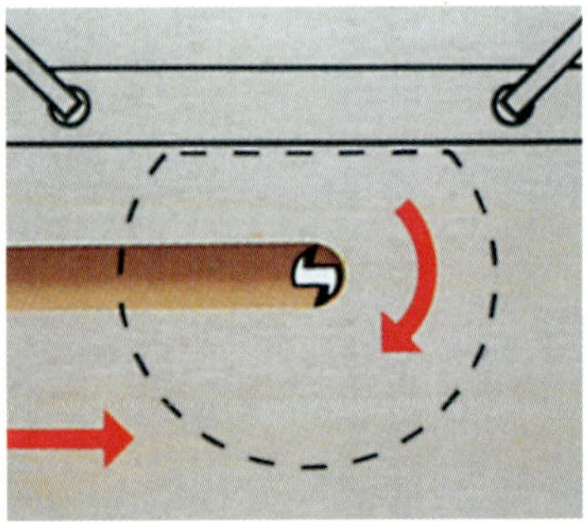

Beim Fräsen an einer aufgespannten Anschlagleiste wird die Maschine von links nach rechts geschoben.

Fräspraxis: An der Vorderkante des Werkstücks wird die Oberfräse von links nach rechts geschoben.

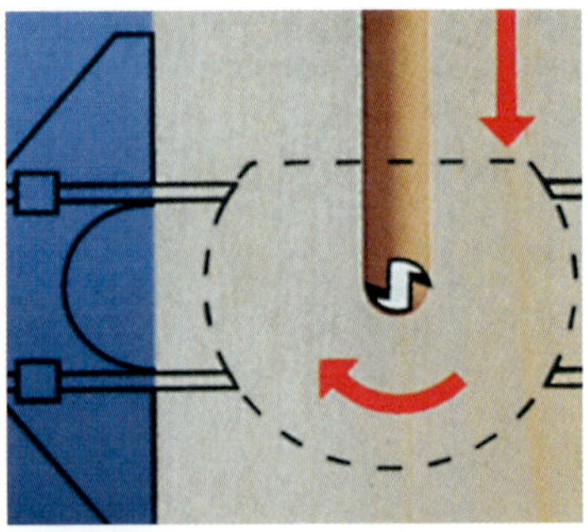

Hier sehen Sie die richtige Vorschubrichtung beim Nutenfräsen mithilfe des Parallelanschlags.

Bearbeitet man am Fräsständer die Hinterkante eines Brettes, schiebt man es auch von links nach rechts.

## Immer die richtige Fräsrichtung beachten

Eine Grundregel des Fräsens lautet: Bewegen Sie die Maschine stets gegen die Umlaufrichtung des Fräsers (Gegenlauf). Führen Sie dazu Ihre Oberfräse an der Vorderkante des Werkstücks von links nach rechts. So schält der Fräser Span für Span das Material ab. Fräsen Sie mit der Umlaufrichtung (Gleichlauf), dann kann Ihnen die Maschine unter Umständen durch Rückschlag aus

### Sicherheit Regeln beachten

- Um sich vor Verletzungen zu schützen, muss vor jedem Fräserwechsel und vor allen Arbeiten an der Motorspindel unbedingt der Netzstecker der Oberfräse gezogen werden.
- Führen Sie den Schaft des Fräsers mindestens 20 mm tief in die Spannzange ein und ziehen Sie diese fest an!
- Werkstücke und Schablonen gut festspannen, damit die Oberfräse beim Vorschub nicht verkantet. Dabei könnte die Maschine unter Umständen mit ausgefahrenem Fräser herumwirbeln.
- Das Anschlusskabel der Maschine so führen, dass es beim Fräsen nicht hinderlich ist.
- Die Oberfräse erst einschalten, wenn man sie am Werkstück angesetzt hat. Nun die Arretierung des Fräskorbs lösen und den Motorteil herunterfahren, bis der Tiefenanschlag erreicht ist. Dann wieder arretieren und die Oberfräse gleichmäßig und zügig vorschieben. Nach Beendigung des Fräsvorgangs den Motorteil unbedingt erst wieder hochfahren, ehe man die Oberfräse vom Werkstück abhebt. Dann abschalten und die Fräse abstellen.
- Bei Fräsarbeiten sollte man stets eine Schutzbrille und Kleidung mit eng anliegenden Ärmeln tragen. Weite Ärmel können beim Vorschieben hängen bleiben. Wenn dabei die Maschine verkantet, besteht Verletzungsgefahr.

der Hand gerissen werden.
Auf jeden Fall bekommen Sie kein gutes Fräsbild, denn die Schneiden des Werkzeugs schlagen gegen die Kanten. Setzt man die Oberfräse im Fräsständer ein, hängt die Schubrichtung davon ab, ob man Vorder- oder Hinterkante des Werkstücks an den Fräser heranführt. Wird die Hinterkante (Anschlagseite) bearbeitet, schiebt man das Teil von links nach rechts, beim Fräsen der Vorderkante von rechts nach links.
Bei fachgerechtem Arbeiten – dazu gehören erstklassige Werkzeuge – zeigt die Holzoberfläche anschließend ein perfektes Fräsbild. Die Werkzeuge müssen scharf sein, die Schneiden unbeschädigt. Nach Abschluss einer Arbeit bewahrt man die empfindlichen Fräser gereinigt in einem Ständer auf und sorgt dafür, dass ihre empfindlichen Schneiden nicht mit anderen Metallteilen in Berührung kommen.

## Wichtige Regeln des erfolgreichen Fräsens

Ihre Oberfräse sollte Ihnen die Möglichkeit bieten, die Drehzahl vorzuwählen und bei Belastung einen elektronisch geregelten Kraftnachschub zu gewährleisten. Mit diesen Voraussetzungen lässt sich die für den jeweiligen Arbeitsgang ideale Drehzahl einhalten. Weiterer Komfort: Ein Regler lässt die Maschine sanft anlaufen – so werden Scharten vermieden, die durch ruckartiges Anfahren entstehen können.
Vorsicht bei der Frästiefe! Stellen Sie Ihr Gerät so ein, dass es die Drehzahl hält; auch ein zügiger Vorschub ist für ein gutes Fräsbild wichtig. Die Konsequenz: Geben Sie sich mit einem verhältnismäßig geringen Materialabtrag pro Fräsgang zufrieden. Wiederholen Sie stattdessen besser einen Arbeitsgang. Brandspuren auf dem Holz zeigen Ihnen, wo der Vorschub zu gering war.

**Gleichmäßiger Vorschub ist wichtig. Dreht der Fräser zu lange an einer Stelle, entstehen Brandstellen.**

**Die wichtigste Sicherheitsregel: Zuerst den Netzstecker ziehen und dann erst das Werkzeug wechseln!**

**Damit die Maschine beim Vorschub nicht verkantet und damit zur Gefahr wird, müssen Sie das zu bearbeitende Werkstück immer fest in die Hobelbank spannen oder mit Zwingen an der Werkbank fixieren.**

# Holzverbindungen fräsen

## Dübelverbindungen in Serie herstellen

Wenn man sich eine Schablone aus Sperrholz fertigt, lassen sich mit der Oberfräse auch Dübelverbindungen besonders leicht herstellen. Arbeitet man auf herkömmliche Weise mit der Bohrmaschine – noch dazu ohne Bohrständer –, so ist es stets problematisch, beim Bohren der Dübellöcher exakt senkrecht zu arbeiten und genau auf der markierten Position zu bleiben. Die Oberfräse dagegen findet mit ihrer breiten Grundplatte eine sichere Auflage. Als Führung für präzise Serienbohrungen stellt man eine Schablone aus 8 mm dickem Sperrholz her, wie sie auf dem Bild unten zu sehen ist. Für jeden vorgesehenen Dübel erhält die Schablone eine 12-mm-Bohrung. Weitere 4-mm-Bohrungen dienen zum Fixieren der Schablone mit Spanplattenschrauben auf dem Werkstück.
Hat man nun die Schablone angeschraubt, wird die Oberfräse mit einer Kopierhülse bestückt, deren Außendurchmesser 12 mm beträgt. Der Kopiereinsatz stellt eine über die Grundplatte der Maschine herausragende Hülse dar, in deren Zentrum sich der passende Nutfräser dreht. Die Kopierhülse lässt sich in die vorbereiteten Bohrungen der Schablone stecken. Die Oberfräse ist damit exakt in der vorgesehenen Position fixiert. Man löst nur noch die Arretierung des Fräskorbs und fährt mit dem Fräser des passenden Durchmessers bis zur vorgesehenen Tiefe ins Werkstück ein. Für größere Tiefen verwendet man statt eines Nutfräsers einen längeren Dübellochfräser. Die speziellen Dübellochfräser besitzen eine Bohrspitze, die sich sauber ins Werkstück eintauchen lässt. Dübellochfräser werden für alle gängigen Holzdübeldurchmesser von 5 bis 10 mm angeboten.
So wird ein Dübelloch nach dem anderen gefräst. Die Schablone kann für die Fläche wie für die Kante der zu verbindenden Holzteile verwendet werden. Die Bohrungen der Spanplattenschrauben sind nachher nicht zu sehen, denn sie liegen ja verdeckt innerhalb der Holzverbindung. Statt mit einer selbst gefertigten Schablone kann man auch mit einem Zinkenfräsgerät arbeiten, dessen Kombischablone Führungen für Fingerzinken sowie Dübellöcher besitzt (großes Bild rechts).

**Mit der auf dem Werkstück fixierten Sperrholzschablone können Sie Dübellöcher in exakt gleichen Abständen mit der Oberfräse herstellen.**

Die stationär montierte Oberfräse, bestückt mit einem Scheibennutfräser, stellt die Schlitze für Flachdübel her.

Wenn man Rahmenteile mit Flachdübeln verbindet, fräst man die Schlitze stets etwas breiter. Beim Zusammenfügen hat man dann seitlich etwas Spiel.

## Schlitze für Flachdübelverbindungen fräsen

Zur Verbindung von Plattenkanten und Rahmenteilen werden häufig auch Flachdübel eingesetzt, die man in gefräste Schlitze leimt. Wo besondere Stabilität gefragt ist, kann man zwei Flachdübel übereinander setzen.
Dann ist die Verzahnung der zu verbindenden Teile besonders gut. Die große Leimfläche garantiert höchste Belastbarkeit.
Es gibt spezielle Fräsgeräte zum Herstellen der Schlitze für Flachdübel: sogenannte Schattenfugenfräsen oder auch Einhandwinkelschleifer mit einem Fräsvorsatz. Die Schlitze lassen sich aber auch sehr präzise mit der stationär montierten Oberfräse herstellen. Man setzt einen Scheibennutfräser ein, fährt die Fräse auf die gewünschte Höhe herunter und schiebt das Werkstück heran. Einmal justiert, lassen sich so beliebig viele Schlitze in gleicher Höhe herstellen. Seitlich fräst man die Schlitze stets ein wenig größer als unbedingt nötig, damit man beim Zusammenfügen der Teile etwas Spiel hat. Beim Fräsen in die Kante liegt das Werkstück flach auf dem Frästisch auf. Soll der Schlitz in die Fläche eines Rahmenteils gearbeitet werden, muss man es senkrecht auf eine Kante stellen. Dabei kann es leicht abkippen. Deshalb besser seitlich eine Zulage anklemmen, um die Auflagefläche auf der Platte des Fräsständers zu vergrößern.
Statt mit Dübeln kann man Holzteile auch durch eingefräste Blindfedern verbinden. Wie die Fotos rechts oben zeigen, lassen sich so Bretter zu größeren Holzplatten zusammenfügen.
Bei dieser Technik kommt ebenfalls die mit einem Scheibennutfräser bestückte und stationär montierte Oberfräse zum Einsatz. Sollen Bretter zu einer Platte zusammengefügt werden, können Sie auch an einer Seite mit einem speziellen Federfräser eine feste Feder an die Kante fräsen.

Zum Verleimen oder für Paneelverkleidungen lassen sich Bretter mittels Scheibennutfräser mit durchgehenden Schlitzen für lose Federn versehen.

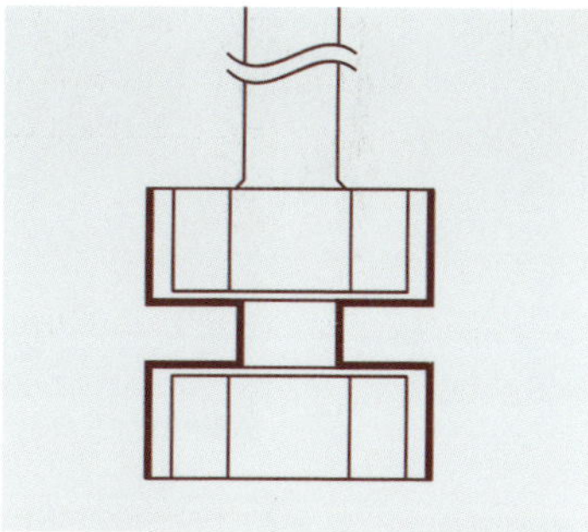

In Kombination mit einem Federfräser lassen sich an jeweils eine Brettkante auch feste Federn fräsen.

Eingefräste Blindfedern werden beim Möbelbau vielfach zum Verbinden von Korpusteilen eingesetzt.

## Schlitz-und-Zapfen-Verbindungen fräsen

Schlitz-und-Zapfen-Verbindungen werden im Schreinerhandwerk immer dann eingesetzt, wenn man besonders belastbare Rahmenkonstruktionen herstellen will. Die Verzahnung der Teile ist bereits ohne Leimzugabe sehr stabil. Wird die große Verbindungsfläche zusätzlich verleimt, bricht eher das Material, als dass sich Schlitz und Zapfen lösen.
Bei durchgehendem Zapfen wird der Schlitz durch das gesamte Holz geschnitten, sodass nach dem Zusammenfügen das Hirnholz des Zapfens sichtbar ist.
Die Brüstungen, mit denen das Zapfenteil stumpf an das Gegenstück stößt, sichern die Verbindung gegen Verwinden.
Bei sichtbaren Rahmenverbindungen arbeitet der Fachmann meist mit abgesetzten Zapfen. Der gekürzte Zapfen verschwindet dann unsichtbar im Schlitz.

Die Schlitz-und-Zapfenverbindung gilt als die am stärksten belastbare Rahmenverbindung. Der Zapfen sollte 1/3 der Materialstärke aufweisen.

Mit einem Nutfräser schneidet die im Ständer befestigte Oberfräse den Schlitz. Den Fräser absenken, dann das Werkstück vorschieben.

Auch Schlitz- und Zapfenverbindungen lassen sich mit der Oberfräse leicht herstellen, wie die beiden Fotos links beweisen. Die Maschine muss dazu stationär montiert werden. Der Schlitz wird mit einem Nutfräser der entsprechenden Stärke ins Holz geschnitten. Er soll etwa ein Drittel der Materialstärke des Rahmens betragen. Man arbeitet am besten abgestuft in mehreren Fräsgängen, damit der Materialabtrag nicht zu hoch ist. Den passenden Zapfen fräst man dann mithilfe eines Falzfräsers. Seine Längskanten müssen vor dem Zusammenfügen der Teile mit Raspel und Schleifpapier sorgfältig gerundet werden. Schlitz und Zapfen sollen mit leichtem Spiel ineinander greifen, sodass noch Platz für den Leimauftrag bleibt. In ähnlicher Weise, wie man einen Zapfen fräst, kann man bei Rahmenteilen auch jeweils das Material in halber Stärke abtragen, um so eine Überblattung herzustellen.

Mit einem breiten Falzfräser lassen sich die Zapfen herstellen. Wenn man sie mit der Raspel abrundet, passen sie genau in die gefrästen Schlitze.

Der Falzfräser in der stationär montierten Oberfräse schneidet den Zapfen von oben und unten frei.

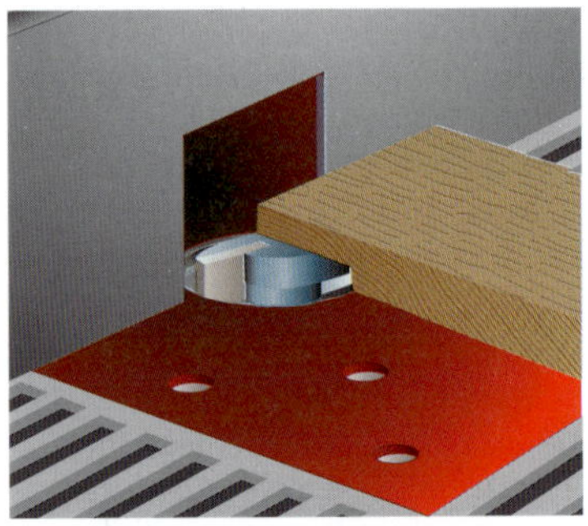

Die gleiche Kombination erlaubt auch das Fräsen von Überblattungen für Rahmenverbindungen.

## Verbindungen mit dem Zinkenfräsgerät herstellen

Sobald Fingerzinken- oder Schwalbenschwanzverbindungen in großer Zahl hergestellt werden müssen – beispielsweise für die Schubladen einer Kommode – lohnt sich die Anschaffung einer Zinkenfräseinrichtung, die als Schablone für die mit einem entsprechenden Fräser bestückte Oberfräse dient. In einem Gang können mithilfe dieses Geräts beide zu verbindenden Teile bearbeitet werden. Sollen Fingerzinken hergestellt werden, benutzt man einen Nutfräser, der in die Aussparungen der Schablone geführt wird und dann in einem Arbeitsgang die im Abstand eines Zinkens gegeneinander versetzten Werkstücke bearbeitet. Die Zinken lassen sich anschließend passgenau ineinander fügen.
Mit der Oberfräse, einem Gratnutfräser und der Zinkenfräseinrichtung kann man aber auch die wesentlich aufwändigeren Zinken und Schwalben für halbverdeckte Schwalbenschwanzverbindungen herstellen. Die Schwalben haben abgerundete Kanten, die in entsprechende Aussparungen des Gegenstücks greifen.
Auf den ersten Blick wirkt die Zinkenfräseinrichtung relativ kompliziert, lässt sich aber sehr einfach bedienen. Die beiden zu verbindenden Werkstücke werden von den Spannstangen gegen die Oberfläche bzw. die senkrechte Vorderkante gedrückt. Sollen Schwalbenschwanzzinken gefräst werden, sorgen Anschlagstifte dafür, dass die Teile um den Durchmesser einer Schwalbe (bzw. die Weite eines Zinkens) gegeneinander versetzt fixiert werden. Dann passen sie nach dem Bearbeiten kantengenau ineinander.
Auf das waagerechte Teil und die Vorderkante des senkrecht eingespannten Gegenstücks legt man die Schablone mit ihren Ausbuchtungen auf, in denen der Zinkenfräser geführt wird. Den Konturen der Schablone folgend, arbeitet

**Die Werkstücke fixieren und gemeinsam bearbeiten**

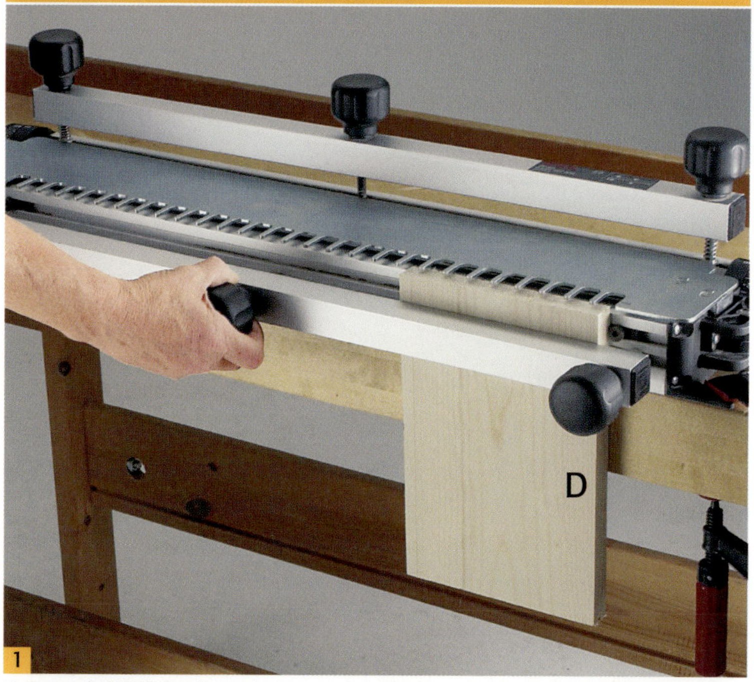

Zuerst wird Teil D mit nach vorn weisender Innenseite und nach rechts weisender Unterkante in die senkrechte Spannvorrichtung geschoben und fixiert. Die Oberkante muss um Materialstärke über die Grundplatte hinausragen.

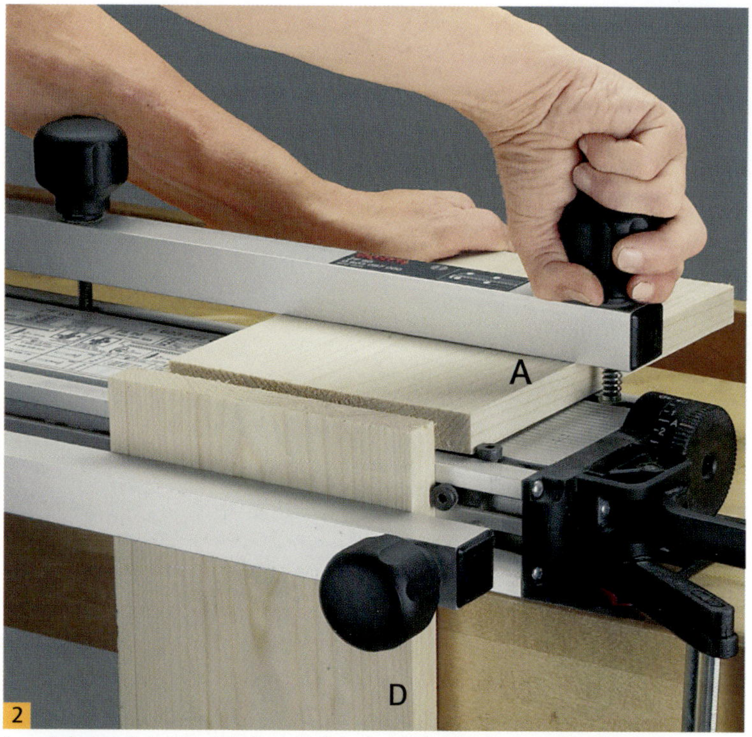

Im nächsten Schritt wird dann Teil A des Schubkastens unter die obere Spannvorrichtung der Grundplatte geschoben und mit seiner Unterkante rechts an den Anschlagstift geführt.

3 Nun werden die Spannstangen oben und unten festgezogen, und die Frässchablone mit ihren Führungszungen wird auf ihre Führungen geschoben. Anschließend bereitet man die Oberfräse vor.

4 Die mit Kopierhülse sowie Gratnutfräser bestückte Oberfräse wird jetzt ans Werkstück herangeführt. Von rechts nach links bearbeitet man die Vorderkante des senkrecht eingespannten Schubladenteils.

der Zinkenfräser gleichzeitig die Schwalben in das senkrechte und die Zinken in das waagerechte Werkstück.
Soll beispielsweise eine Schublade gebaut werden, legt man die vier Kastenteile auf einer ebenen Fläche so aus, dass ihre Unterkanten zueinander und die Innenseiten nach oben weisen. Sie werden, beginnend mit dem Vorderteil, im Uhrzeigersinn mit A, B, C und D gekennzeichnet. Beim anschließenden Einspannen in die Zinkenfräseinrichtung stoßen die Unterkanten immer gegen die Anschlagstifte, und die Außenseiten weisen zu den Anschlagplatten des Fräsgeräts hin.
Zuerst wird das mit D markierte Kastenteil senkrecht eingespannt, wobei seine Unterkante rechts am Anschlag anliegt. Nach oben ragt das Teil um Materialstärke über die waagerechte Grundplatte hinaus. Im nächsten Schritt wird dann Teil A unter die Spannvorrichtung der Grundplatte geschoben, mit seiner Unterkante rechts an den Anschlagstift geführt und dann nach vorn geschoben, bis es genau an die Kante von Teil D stößt. Teil A und das Stirnholz von D müssen genau auf einer Höhe liegen. Nun werden die Spannstangen festgezogen, und die Frässchablone wird auf ihre Führungen geschoben. Liegt die Schablone fest auf den Werkstücken auf, arretiert man sie, und der Fräsvorgang kann starten.
Die Oberfräse wird nun mit dem Zinkenfräser und einer Führungshülse bestückt, die direkt an der Schablone entlanggeführt wird. Man beginnt den Fräsvorgang, indem man von rechts nach links die Vorderkante des senkrecht eingespannten Werkstücks bearbeitet. Die Grundplatte der Oberfräse muss dabei stets glatt auf der Schablone aufliegen. Diesen Arbeitsgang wiederholt man, bis die Führungshülse des Fräsers die Zungen der Schablone berührt. Anschließend wird der Fräser von links nach rechts in die Ausbuchtungen der Scha-

blone hineingeführt, wobei die Führungshülse genau den Konturen der Zungen folgt. So werden die Schwalben und Zinken passgenau herausgearbeitet. Zuletzt löst man die beiden Teile aus den Spannvorrichtungen, entfernt etwaige Splitter und fügt sie dann zusammen.

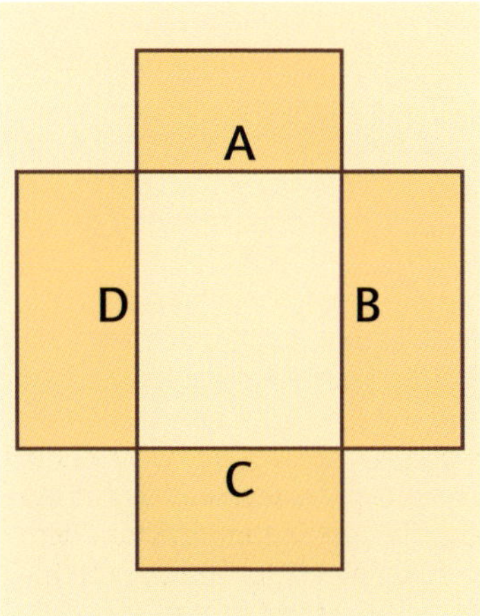


**Die vier Schubladenteile werden mit Innenseiten nach oben und Unterkanten zueinander markiert.**

**Im folgenden Arbeitsgang wird der Fräser von links nach rechts in die Ausbuchtungen der Schablone heineingeführt, wobei die Führungshülse genau den Konturen der Schablonenzungen folgt.**

## Gratnutverbindungen für den Möbelbau

Der Grat- und Zinkenfräser, der in Verbindung mit der Zinkenfräseinrichtung benutzt wird, kann auch hoch belastbare Gratnutverbindungen fräsen (Bild rechts). An die Brett- oder Plattenkante wird mit der unter dem Frästisch montierten Oberfräse eine abgeschrägte Gratfeder gefräst. In die Fläche des Gegenstücks fräst man dann am Anschlag die schwalbenschwanzförmige Gratnut.

**An beide Außenkanten des Werkstücks wird mit dem Grat- und Zinkenfräser eine Gratfeder gefräst.**

**Die Verbindung Gratnut und Gratfeder ist sehr stabil und auch ohne Leim auf Zug belastbar. Die formschlüssige Verbindung wird einfach zusammengeschoben, und schon fügen sich beide Teile fest ineinander.**

# Möbelbau mit der Oberfräse

## Kleines Wandregal mit profilierter Kranzleiste

Haben Sie nicht auch ein paar schöne Sammlerstücke, die darauf warten, an geeigneter Stelle präsentiert zu werden? Dieses hübsche Wandregal mit Kranzleiste könnte der passende Rahmen für dekorative Dinge sein.
Als Material haben wir Kiefernleimholz von 28 mm Dicke ausgewählt, wie man es im Bau- und Heimwerkermarkt als Plattenware bekommt. Dazu brauchen Sie noch eine Leiste, aus der Sie das dekorative Kranzprofil fräsen, das die Kopfplatte des Regals umschließt.
Zunächst werden Kopfplatte, Boden und die beiden Seitenteile nach den in der Zeichnung (S. 113) angegebenen Maßen zugeschnitten. Im nächsten Schritt geht es ans Zusägen der geschweiften Unterkanten der Seitenteile. Die Umrisse nach der Vorgabe der Zeichnung aufs Holz übertragen und dann die Form mit der Stichsäge ausschneiden. Benutzen Sie dabei ein Kurvensägeblatt für dickere Materialien und schalten Sie die Pendelhubeinrichtung der Stichsäge aus. Dann wird der Schnitt sauberer.
Die Vorderkanten der Seitenteile wie auch des Bodens werden nun mit einem feinen Hohlkehlfräser von beiden Seiten profiliert. Das nimmt dem massiven Leimholz seine Schwere. Um das Fräswerkzeug auch an den geschweiften Kanten führen zu können, wird ein Fräser mit Anlaufzapfen verwendet. Dieser Zapfen liegt unter-

**Mit der Stichsäge schneidet man die geschweiften Seitenteile aus.**

**Dübel verbinden die Teile. Man kann die Löcher bohren oder fräsen.**

**Die Vorderkanten der Seitenteile werden mit einem Hohlkehlfräser bearbeitet. Ein Anlaufzapfen führt den Fräser an der Kante des Werkstücks.**

COLMAN'S MUSTARD
D. LAZZARONI
AMARETTINI DI SARONNO
SARONNO
WILBUR'S
BREAKFAST
COCOA

halb der Schneide an der Kante des Werkstücks an und sorgt so für einen exakt gleich bleibenden Kantenabstand beim Fräsen.
Die Einzelteile des Wandregals werden durch Holzdübel miteinander verbunden. Man reißt die Positionen von Boden- und Kopfplatte nach den Maßangaben der Zeichnung auf den Seitenteilen an und bohrt dann jeweils vier Dübellöcher. Nun stecken Sie sogenannte Markierspitzen in die Bohrungen und drücken die Stirnkanten der beiden Querteile dagegen. Die Markierspitzen übertragen dabei die Dübelpositionen aufs Stirnholz, sodass man auch dort die Bohrungen setzen kann. Stets einige Millimeter tiefer bohren, als die Dübel lang sind, damit sich die Teile leicht zusammenstecken lassen und ein wenig Platz für überschüssigen Leim bleibt. Herausquellenden Leim sofort abwischen.

Jetzt fehlt nur noch die Kranzleiste, die den oberen Abschluss bildet. Mit Hilfe der stationär montierten Oberfräse lässt sich solch eine profilierte Zierleiste leicht herstellen. Bei etwa 2 m Länge wählt man für die Leiste ein Rohmaß von 45 x 15 mm. In unserer Zeichnung (rechts oben) wurde an der Oberkante mit einem Viertelstabfräser zunächst eine Rundung gebildet. Parallel zur Werkstückkante arbeiteten wir anschließend mit dem Hohlkehlfräser weiter. Danach kam wiederum der Viertelstabfräser zum Einsatz; er schuf die halbkreisförmige Rundung. In diversen Arbeitsgängen entstand so das Profil. Natürlich können Sie beim Fräsen von Zierleisten Ihrer Phantasie freien Lauf lassen. Die Kombinationsmöglichkeiten sind beinahe unbegrenzt. Dabei aber niemals zuviel Material in einem Fräsgang abtragen. Besser die Leiste mehrfach am Werkzeug vorbeiführen. Je geringer der Abtrag, umso sauberer wird das Fräsergebnis. Die fertige Kranzleiste schneidet man mit der Gehrungssäge zu und fixiert sie dann mit Leim und feinen Leistenstiften. Zuletzt das Regal ölen oder wachsen.

**Leinöl schützt die Holzoberfläche, gibt ihr einen warmen Ton und unterstreicht die Maserung.**

**In mehreren Arbeitsgängen unter Verwendung verschiedener Fräser wird die Profilleiste am Fräsständer hergestellt.**

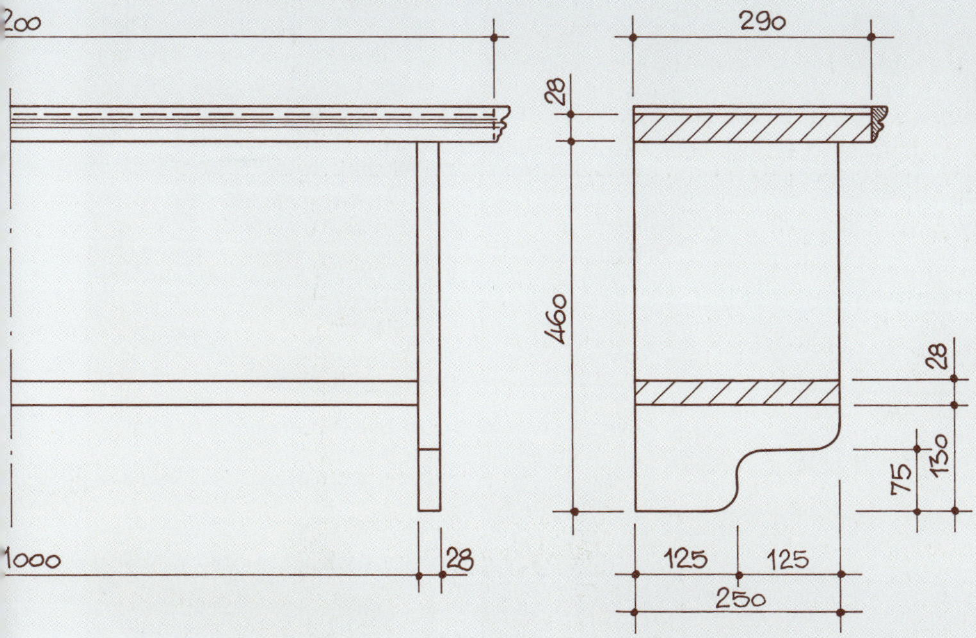


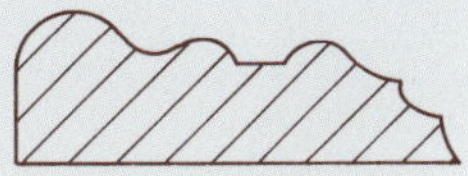

Alle Maße entnehmen Sie der Zeichnung. Für das Kranzprofil des Regals braucht man eine Kiefernleiste von 45 x 15 mm, ca. 2 m lang. Die oben gezeigte Profilierung ist nur ein Vorschlag. Man kann hier verschiedenste Profile kombinieren.

## Bilderrahmen aus MDF mit der Oberfräse bearbeiten

Soll die Leiste für einen Bilderrahmen mit der Oberfräse profiliert und anschließend farbig lackiert werden, ist MDF der ideale Werkstoff. Das aus feinsten Holzspänen unter hohem Druck verleimte Material lässt sich sauber fräsen und bleibt absolut formstabil. Rechts sehen Sie den Ausschnitt eines Rahmens, der aus einer 50 mm breiten und 28 mm dicken Leiste besteht, die mit Hilfe der Oberfräse und einem Viertelstabfräser mit Anlaufring gerundet wurde. Um der Grundplatte der Maschine eine sichere Auflage zu bieten, legen Sie neben die zu bearbeitende Leiste einen Streifen Abfallholz gleicher Dicke und klemmen beide Teile fest. Der bereits verleimte Rahmen bekommt im Eckbereich schräge Zierprofile mit einem Hohlkehlfräser. Die Zeichnung zeigt die Leiste im Schnitt. Der Rahmenfalz kann an der Tischkreissäge hergestellt werden.

Die schwarz lackierte MDF-Leiste wurde bei diesem Rahmen seitlich abgerundet und im Eckbereich mit schrägen Zierprofilen versehen.

Die Grundplatte der Oberfräse braucht eine zusätzliche Auflage.

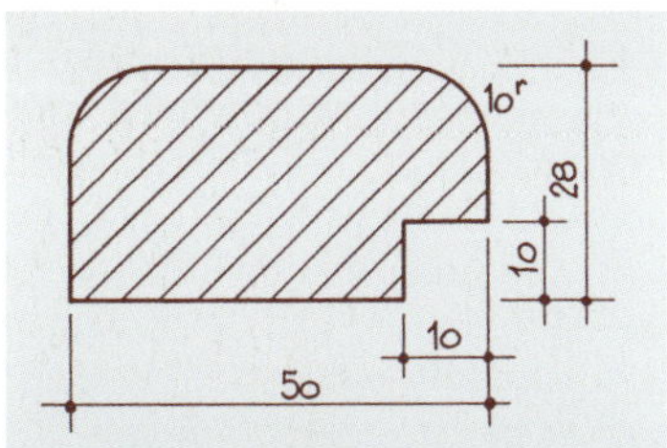


Der Schnitt durch die Leiste. Die Ecken werden auf Gehrung verleimt.

## Arbeitsschritte

Die Dübellöcher werden zu 2/3 der Materialstärke eingebohrt. Dabei den Tiefenanschlag benutzen.

Die mit einem Viertelstabfräser bestückte Oberfräse verleiht den Teilen elegant gerundete Kanten.

Beim Beizen dürfen keine Ansätze entstehen. Daher die Beize satt und zügig auf das Leimholz auftragen.

## Attraktives Regal mit geschweiften Seiten

Buchen-Leimholzplatten aus dem Baumarkt sind das ideale Material, um Massivholzmöbel in handwerklicher Qualität herzustellen. Für unser Regal brauchen Sie zwei Kreisausschnitte als Wangen und drei Fachböden.
Sind alle Teile nach den Maßen von Materialliste und Zeichnung zugeschnitten, werden die Vorderkanten der Hölzer mithilfe der Oberfräse und einem Viertelstabfräser mit Anlaufring gerundet.
Da der Anlaufring jede Unebenheit der Kanten abtastet und überträgt, kommt es darauf an, die Kanten vor dem Fräsen sorgfältig zu glätten.
Zur Verbindung von Böden und Wangen müssen Sie Holzdübel von 8-mm Durchmesser einleimen. Die Löcher werden mit der im Bohrständer eingespannten Bohrmaschine oder alternativ mit der Oberfräse hergestellt (siehe Seite 102). Je zwei Dübel verbinden die schmalen Böden mit den Seiten. Beim breiteren Mittelboden sind jeweils drei

Je ein dicker Tropfen Leim pro Dübelloch reicht, um die Verbindung ausreichend zu stabilisieren.

Dübel pro Seite erforderlich.
Vor dem Zusammenbau werden die Wangen schwarz gebeizt. Dabei die Beize satt nass in nass auftragen, damit keine Ansätze entstehen. Über Nacht durchtrocknen lassen. Am nächsten Tag gibt man Leim in die Dübellöcher und presst die Teile mit Schraubzwingen fest zusammen.

## Materialliste **Regal**

| Position | Anzahl | Bezeichnung | Maße in mm | Material |
|---|---|---|---|---|
| 1 | 2 | Wangen | 800 x 195* | Buche, |
| 2 | 1 | Boden | 180 x 390 | Leimholz |
| 3 | 2 | Böden | 100 x 390 | 26 mm dick |

*= Rohmaß
14 Holzdübel Ø 6 mm; Holzleim

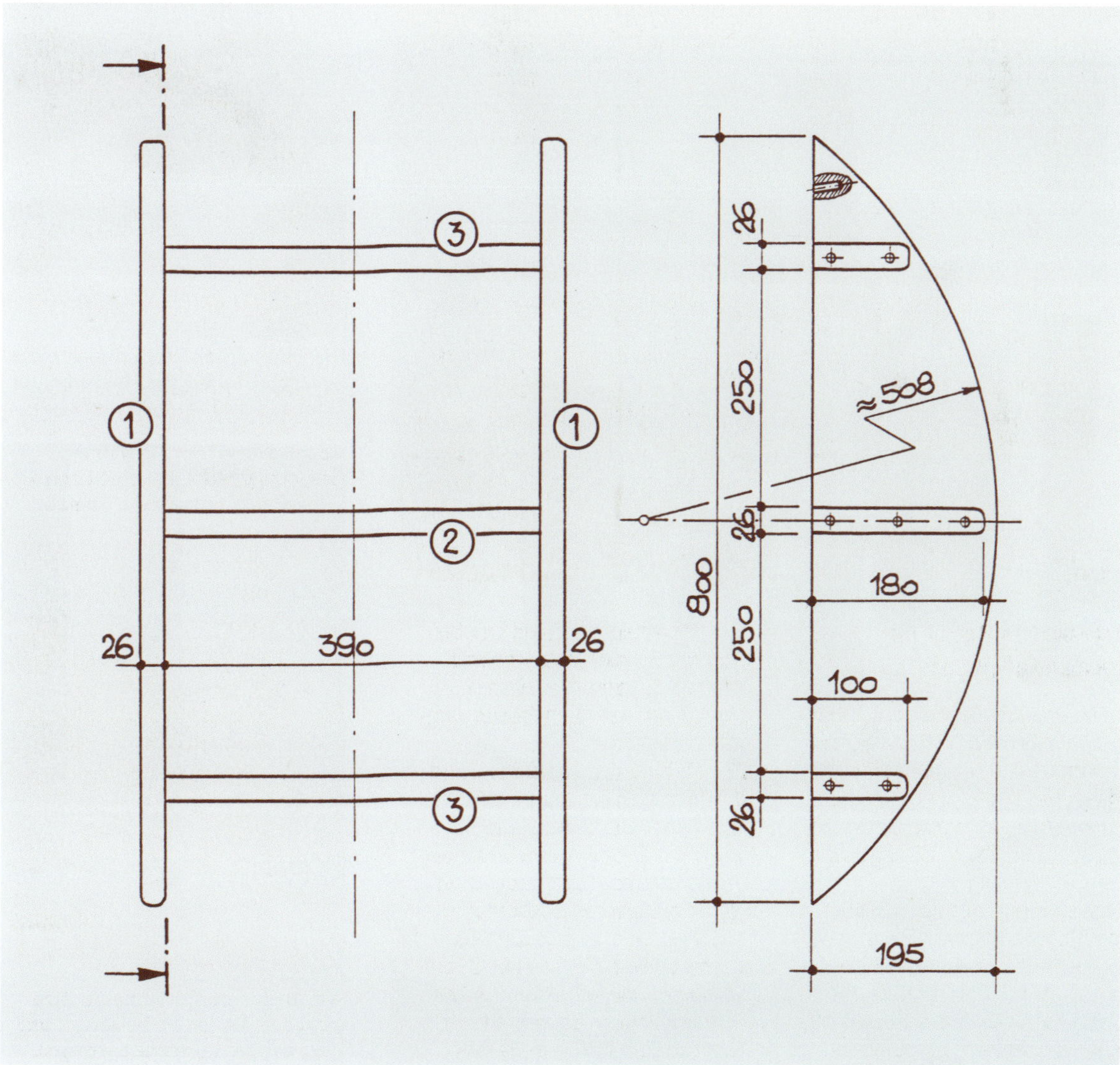

## Elegante Kommode aus Leimholzplatten

Schubladen kann man nie genug haben. Gleich acht davon weist die elegante Kommode auf. Die Konstruktion hat einige handwerkliche Finessen. Dennoch ist der Nachbau gar nicht so schwierig. Die Oberfräse kommt hier mit allen ihren technischen Möglichkeiten voll zum Zuge.
Seit es Leimholz in den verschiedensten Plattenstärken und Formaten gibt, ist es für den Heimwerker kein Problem mehr, auch Massivholzmöbel in klassischer handwerklicher Weise zu bauen. Längst gibt es neben Fichte und Kiefer auch wertvolle Edelhölzer in leicht zu verarbeitender Leimholz-Ausführung. Für unsere schlanke, durch ihr sachliches Design bestechende Kommode haben wir amerikanisches Ahorn gewählt. Die farbigen Sockel- und Kopfplatten sowie die Griffe bestehen aus MDF. Dieser aus feinsten Spänen verleimte Holzwerkstoff kann wie gewachsenes Holz auch gefräst werden.
Die Explosionszeichnung auf Seite 120 macht den funktionellen Aufbau der Kommode deutlich. Man beginnt mit dem Zuschnitt der Leimholzteile – die Maße finden Sie in der Materialliste. Die Korpusteile und die Schubladenseiten lassen sich auf einer Kreissäge leicht passend sägen. Etwas mühseliger, aber nicht weniger präzise, gelingt der Zuschnitt mit einer Handkreissäge, die man an einem Anschlag (er kann mit Schraubzwingen fixiert werden) oder einer speziellen Aluschiene führt.
Sind die Einzelteile vorbereitet, werden zunächst die Seitenwände weiterbearbeitet. Dabei kommt die Oberfräse gleich dreimal zum Einsatz. Im ersten Arbeitsgang werden die hinteren Kanten mit einem Falz zur Aufnahme der Rückwand versehen.
Im nächsten Schritt fräst man die Dübellöcher, die zur Befestigung der Böden sowie der acht Quer-

**Die Seitenwände erhalten je acht Nuten zur Aufnahme der Führungsleisten. Die Oberfräse wird dabei am Anschlag geführt.**

**Die Führungsleisten darf man nicht einleimen. Damit das Holz arbeiten kann, verschraubt man sie besser.**

**Der Korpus ist aus Seitenwänden, Böden und Querstegen durch eingeleimte Dübel zusammengefügt.**

stege benötigt werden. Hier kann die Oberfräse zeigen, wie präzise sie arbeitet. Durch die exakte Auflage ihrer Fußplatte ist ein genau senkrechtes Eintauchen des Fräsers gewährleistet (siehe dazu auch Seite 102).
Beim Arbeiten im Randbereich von Werkstücken muss seitlich ein passendes Stück Abfallholz als Zulage untergelegt werden, damit die Oberfräse nicht über die Kante abkippt. Den Tiefenanschlag beim Herstellen der Dübellöcher so einstellen, dass die Holzdübel an den Enden der Sacklöcher jeweils noch etwa 2 mm „Luft“ haben. So bleibt Platz für überschüssigen Leim, und es ist sichergestellt, dass sich die zu verbindenden Teile problemlos zusammenfügen lassen.
Im dritten Arbeitsgang werden die Seitenwände schließlich mit den Nuten zur Aufnahme der Führungsleisten versehen, auf denen später die Schubladen gleiten. Genau im Abstand der Schubladen zueinander fräst man die 12 mm breiten Nuten ein. Dabei werden die Nuten 30 mm vor der Vorderkante der Wände abgesetzt und später mit dem Stechbeitel rechtwinklig nachgearbeitet. Im gleichen Abstand von 30 mm werden auch die Nuten der Schubladenseiten abgesetzt, sodass sie eingeschoben dann genau bündig mit dem Korpus abschließen.

**Die Schubladenseiten werden an jeder Kante durch vier Holzdübel und etwas Leim verbunden.**

**Achten Sie beim Zusammenbau der Kästen darauf, dass die Seiten rechtwinklig zueinander stehen. Am besten die Diagonalen messen und vergleichen.**

Die Führungsleisten dürfen nicht in die Nuten der Seitenwände eingeleimt werden. Da hier der Faserverlauf von Seitenwand und Leiste genau gegeneinander verläuft, könnte es nämlich zu Spannungsrissen im Leimholz kommen, wenn die Wände noch etwas „arbeiten“. Dies ist auch bei kammergetrocknetem Leimholz nie ganz auszuschließen. Also fixiert man die Leisten mit Spanplattenschrauben. Die Löcher vorbohren und ansenken, damit die Schraubenköpfe nicht überstehen können. Bei dieser Arbeit ist ein Akkuschrauber sehr nützlich.
Nachdem die Seitenwände fertig gestellt sind, folgen die beiden Böden der Kommode. Auch sie erhalten einen Falz an der hinteren Kante. Die Dübellöcher müssen hier in die Stirnkanten gebohrt werden. Dazu am besten eine Dübellehre aufsetzen, um exakt rechtwinklig in das Hirnholz einzutauchen.
Nun fehlen nur noch die acht Querstege, um den Korpus zu komplettieren. Sie werden ebenfalls mit Holzdübeln eingesetzt und erhalten dazu je zwei Bohrungen in jeder Stirnkante. Seitenwände, Böden und Querstege werden mit Leim eingestrichen und mittels der Holzdübel zusammengesteckt. Bis der Leim abgebunden hat, presst man die Teile mit großen Schraubzwingen zusammen. Dabei darauf achten, dass Böden und Seiten rechtwinklig zueinander stehen. Die Rückwand wird erst eingesetzt, wenn auch die Schubladen fertig gestellt und eingepasst sind. Die bereits zugesägten Schubladenseiten werden nun ebenfalls mit Dübellöchern versehen, um sie zusammenfügen zu können. Zuvor erhalten Sie jedoch eine parallel zur Unterkante verlaufende Nut, in die man die Sperrholzböden stecken kann. Zum Nuten wird die Oberfräse mit dem Parallelanschlag an den Werkstücken entlanggeführt. Um sich diese Arbeit zu erleichtern, kann man vorab die Bretter nuten, aus denen im

folgenden Arbeitsschritt die Schubladenseiten herausgeschnitten werden.
Wer Materialkosten sparen will, kann übrigens auch nur die Schubladenfronten aus hochwertigem Hartholz fertigen. Für Seiten und Rückwand lässt sich ebensogut Kiefernholz verwenden. Bei eingeschobenen Kästen sind diese Teile ja nicht sichtbar.
Selbstverständlich können die Schubladen auch mit halbverdeckten Schwalbenschwanzverbindungen hergestellt werden. Die Oberfräse in Kombination mit der Zinkenfräseinrichtung leistet hier ausgesprochene Präzisionsarbeit (siehe Seite 107–109).
Beim Verleimen der Schubladen ist auf genaue Rechtwinkligkeit der Seiten zueinander zu achten. Man sollte dazu entweder einen großen Schreinerwinkel anlegen oder – noch besser – die Diagonalen der Schubkästen messen. Sie müssen exakt das gleiche Maß aufweisen.
Die vorbereiteten Schubladen erhalten im nächsten Arbeitsgang die seitlichen Nuten, in denen die Führungsleisten gleiten. Dazu die am Parallelanschlag geführte Oberfräse einsetzen. Wie bereits erwähnt, dürfen die Führungsnuten nicht durchgehen, da sie gleichzeitig den Anschlag für die Schubladen bilden.
Ein weiteres Mal kommt die Oberfräse zum Einsatz, um die Aufnahmenuten der Griffe herzustellen. Ein im Winkel von genau 45 Grad zur Kante aufgespannter Hilfsanschlag sorgt dabei für die exakte Führung. Die Griffe selbst werden als Halbkreise zugeschnitten und durch einen Viertelstabfräser mit Anlaufring so gerundet, dass sie genau in die vorbereiteten Schlitze passen. Natürlich können Sie bei der Gestaltung der Griffe auch eigene Ideen umsetzen oder vorgefertigte Teile aus Holz oder Metall verwenden.
Wenn Korpus und Schubladen fertig gestellt sind, ist die meiste Arbeit bereits getan. Es fehlen nur noch die Sockel- sowie die Kopf-

**Die nach vorne abgesetzten Führungsnuten der Schubladen werden mit der am Parallelanschlag geführten Oberfräse hergestellt.**

**Die Kanten der Sockel- und Kopfplatte aus MDF erhalten eine mit dem Viertelstabfräser (mit Anlaufring) hergestellte Rundung.**

Die Positionsziffern der Zeichnung finden Sie in der Materialliste wieder.

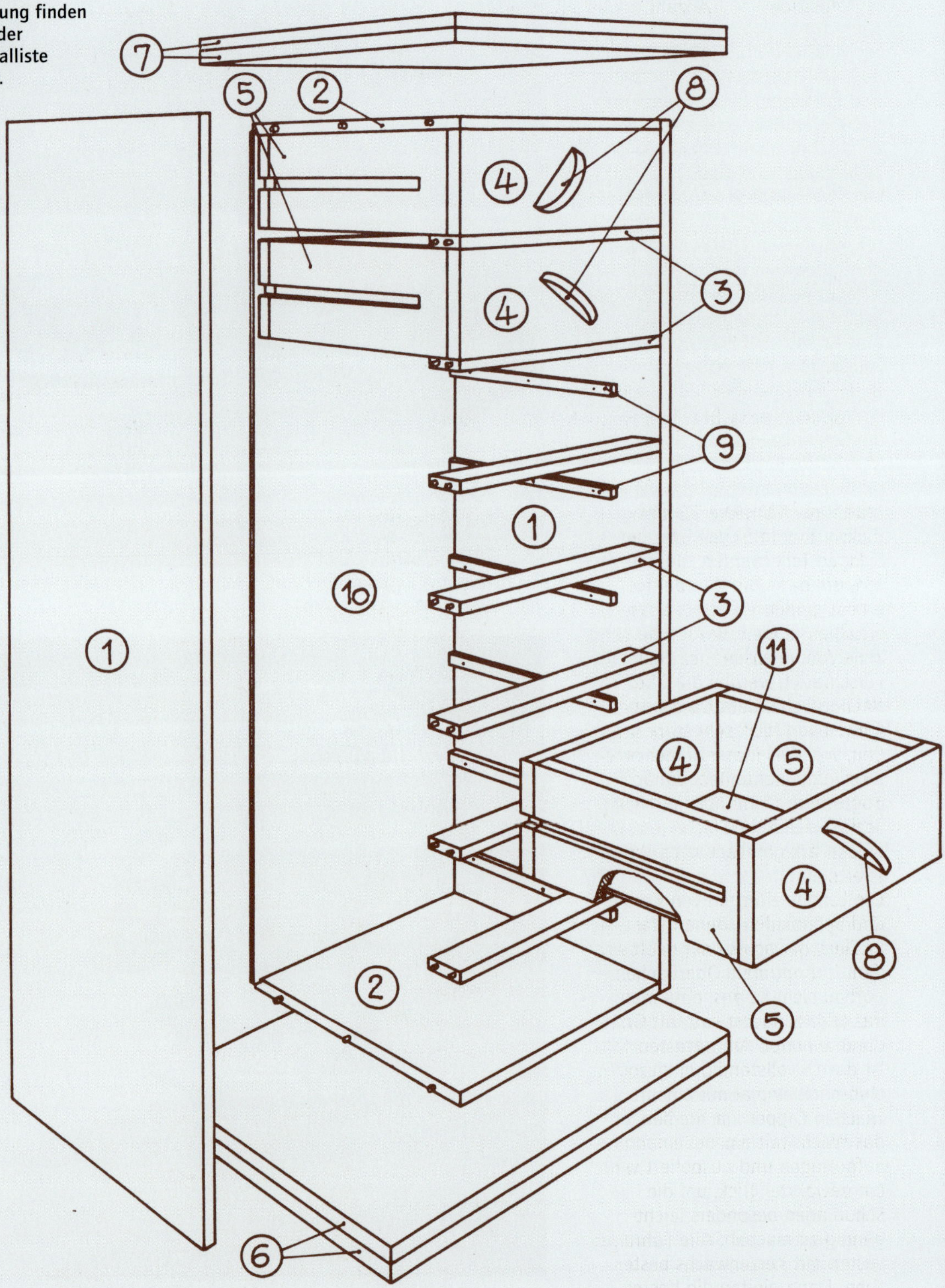

## Materialliste **Kommode**

| Position | Anzahl | Bezeichnung | Maße in mm | Material |
|---|---|---|---|---|
| 1 | 2 | Seitenwände | 1190 x 340 | Amerikanisches |
| 2 | 2 | Böden | 303 x 340 | Ahornleimholz |
| 3 | 7 | Querstege | 303 x 45 | 19 mm dick |
| 4 | 16 | Frontblenden/Rücken | 300 x 125 | |
| 5 | 16 | Seitenteile | 296 x 125 | |
| 6 | 2 | Bodenplatten | 550 x 450 | MDF |
| 7 | 2 | Kopfplatten | 450 x 450 | 22 mm dick |
| 8 | 8 | Griffe | 115 lang | MDF |
| | | | | 40 x 19 mm |
| 9 | 16 | Laufleisten | 305 lang | Ahorn |
| | | | | 15 x 12 mm |
| 10 | 1 | Rückwand | 1172 x 322 | Sperrholz Gabun, |
| 11 | 8 | Böden | 292 x 276 | 5 mm dick |

Spanplattenschrauben; Holzdübel Ø 8 x 40 mm; Holzleim

platte aus MDF. Die 22 mm dicken quadratischen bzw. rechteckigen Teile werden zugeschnitten, um dann die Kanten mit einem großen Viertelstabfräser weich zu runden. Bevor man die Teile von innen mit dem Korpus verschraubt, werden die Oberflächen behandelt. Da die Stirnkanten von MDF sehr stark saugen, wird das Material hier durch Zweikomponentenlack zunächst abgesperrt. Dann noch einmal schleifen und die Fläche jetzt mit einem farbigen Lack nach Wahl streichen.
Die Leimholzflächen von Korpus und Schubladen können klar lackiert, gewachst oder geölt werden. Der optimale Oberflächenaufbau sieht so aus, dass man das Holz zunächst satt mit Grundieröl einreibt. Am nächsten Tag ist das Öl vollständig eingezogen. Nun noch einmal mit einem weichen Lappen nachreiben, ehe das Wachs mit einem Leinentuch aufgetragen und auspoliert wird. Ein bewährter Trick, um die Schubladen besonders leichtgängig zu machen: Alle Führungsleisten mit Kerzenwachs bestreichen. Dann gleiten die Kästen beinahe wie von selbst.

# Register

## T



## U



## V



## W



## Z

Genehmigte Lizenzausgabe für Verlagsgruppe Weltbild GmbH,
Steinerne Furt, 86167 Augsburg


Umschlaggestaltung: Regina Bocek, München
Umschlagmotive: Hans-Werner Bastian, mauritius images, Robert Bosch GmbH
Gesamtherstellung: Neografia, a.s. printing house, Martin
Printed in the EU
978-3-8289-2642-4

2012 2011 2010
Die letzte Jahreszahl gibt die aktuelle Lizenzausgabe an.

BOSCH
PKS 46

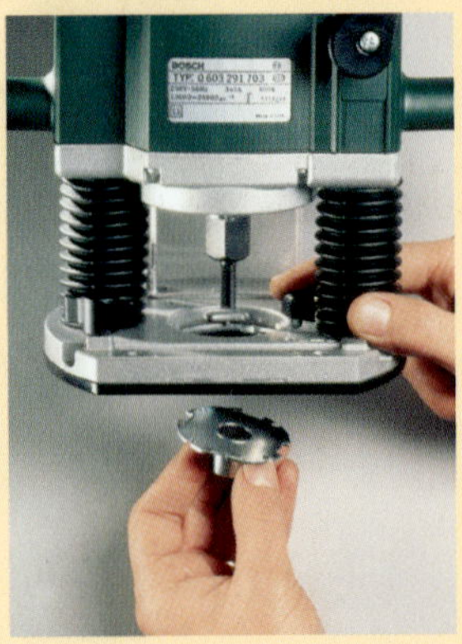